Á. Reichardt · Übungsprogramm zur Statistischen Methodenlehre

Ágnes Reichardt

Übungsprogramm zur Statistischen Methodenlehre

2., durchgesehene Auflage

Westdeutscher Verlag

2., durchgesehene Auflage 1976

© 1975 Westdeutscher Verlag GmbH, Opladen
Druck und Buchbinderei: Lengericher Handelsdruckerei, Lengerich
Alle Rechte vorbehalten. Auch die fotomechanische Vervielfältigung des Werkes (Fotokopie,
Mikrokopie) oder von Teilen daraus bedarf der vorherigen Zustimmung des Verlages.
Printed in Germany
ISBN 3-531-11323-2

INHALTSVERZEICHNIS

Vorbemerkungen 7

I. AUFGABEN ZUR DESKRIPTIVEN STATISTIK

1. Aufgaben über statistische Massen im Zeitablauf 11
   Aufgaben 1 - 3 14
2. Aufgaben über Häufigkeitsverteilungen 18
   Aufgaben 4 - 7 21
3. Aufgaben über Mittelwerte und Streuungsmaße 26
   Aufgaben 8 - 12 28
4. Aufgaben über Korrelation und Regression 34
   Aufgaben 12 - 15 36
5. Aufgaben über Zeitreihenanalyse 41
   Aufgaben 16 - 18 43
6. Aufgaben über Indexzahlen 49
   Aufgaben 19 - 21 51

II. AUFGABEN ZUR WAHRSCHEINLICHKEITSRECHNUNG

7. Aufgaben über die klassische und die axiomatische Definition der Wahrscheinlichkeit 59
   Aufgaben 22 - 26 61
8. Aufgaben über unabhängige Ereignisse, bedingte Wahrscheinlichkeiten und die Formel von Bayes 65
   Aufgaben 27 - 31 67
9. Aufgaben über Zufallsvariable, diskrete und kontinuierliche Verteilungen 71
   Aufgaben 32 - 41 74
10. Aufgaben über Unabhängigkeit von Zufallsvariablen, Funktionen von Zufallsvariablen, Approximation von Verteilungen 82
    Aufgaben 42 - 45 84
11. Aufgaben über Erwartungswerte 88
    Aufgaben 46 - 53 91

12. Aufgaben über die Ungleichung von Tschebyscheff
    und den zentralen Grenzwertsatz   1oo
    Aufgaben 54 - 57   1o1

III. AUFGABEN ZUR ANALYTISCHEN STATISTIK

13. Aufgaben über Stichproben   1o7
    Aufgaben 58 - 61   1o9
14. Aufgaben über Schätzfunktionen   114
    Aufgaben 62 - 66   116
15. Aufgaben über Kleinst-Quadrate-Schätzungen im
    einfachen linearen Regressionsmodell   121
    Aufgaben 67 - 68   122
16. Aufgaben über Konfidenzintervalle   125
    Aufgaben 69 - 76   127
17. Aufgaben über den t-Test   135
    Aufgaben 77 - 81   137
18. Aufgaben über asymptotisch normalverteilte
    Testfunktionen   143
    Aufgaben 82 - 9o
19. Aufgaben über einfache Varianzanalyse und
    χ^2-Test   155
    Aufgaben 91 - 96   157
2o. Aufgaben über Kontingenztabellen und
    Vorzeichentest   165
    Aufgaben 97 - 1oo   168
21. Aufgaben über Stichproben ohne Zurücklegen,
    geschichtete Stichproben, Klumpenstichproben
    und Hochrechnung   175
    Aufgaben 1o1 - 1o4   179

Register   184

VORBEMERKUNGEN

Die hier zusammengestellten Aufgaben stellen ein vollständiges Übungsprogramm für einen zweisemestrigen Kursus in Statistischer Methodenlehre im Grundstudium dar. Diese wurden entsprechend der jeweiligen Übungsintention gestaltet: manche sollen nur das Grundsätzliche einer Methode veranschaulichen (z.B. Aufgabe Nr. 1o3 - Klumpenstichproben), andere sollen auf dem Wege der Explikation der Vertiefung einer Begriffsbildung dienen (z.B. Aufgabe Nr. 59 - Stichprobenfunktion), wieder andere sollen praktische Anwendungsmöglichkeiten demonstrieren (z.B. Aufgabe Nr. 68 - Schätzung der Sparneigung). Die einzelnen Abschnitte entsprechen jeweils einem Wochenpensum. Sie werden eingeleitet durch eine knappe Erläuterung der wichtigsten Begriffe zu den nächstfolgenden Aufgaben. Die hervorgehobenen Bemerkungen sollen Konfusionen vorbeugen, die erfahrungsgemäß häufig anzutreffen sind. Vom Rechnerischen her wurden die Aufgaben im Hinblick auf ihre Verwendbarkeit zur Prüfungsvorbereitung so angelegt, daß sie unter Klausurbedingungen bewältigt werden können. Die numerischen Ergebnisse wurden zumeist auf einem elektronischen Tischrechner ermittelt und ggf. nach einer geeigneten und noch gesicherten Dezimalstelle abgebrochen. Bei approximativen Ergebnissen tritt an die Stelle des Gleichheitszeichens das Symbol $\approx$. In Klausuren wird dem Studenten nur die naive, d.h. die Fehlerfortpflanzungsgesetze nicht berücksichtigende Realisierung mittels Rechenschieber oder vierstelligen Logarithmen zugemutet. Als Tabellenwerk diente der Tabellenanhang der Statistischen Methodenlehre von H. Reichardt (Westdeutscher Verlag, 5. Auflage 1975), mit der diese Aufgabensammlung auch in der Disposition und in den Definitionen übereinstimmt. Heidi Schroer hat den Text bis zur Reproduktionsreife geschrieben.

Bochum, Juli 1975   Ágnes Reichardt

Teil I

AUFGABEN ZUR DESKRIPTIVEN STATISTIK

Abschnitt 1

AUFGABEN ÜBER STATISTISCHE MASSEN IM ZEITABLAUF

Gegenstand von Untersuchungen im Rahmen der deskriptiven Statistik sind endliche Mengen E von Elementen e_i mit mindestens einem gemeinsamen Merkmal.

Beispiel: die in einem bestimmten Semester immatrikulierten Studenten einer Hochschule.

Solche Mengen heißen statistische Massen, $E = \{e_i | i=1,\ldots n\}$. Ihre Elemente heißen Merkmalsträger. Ein Merkmal $\mathfrak{A}$ wird durch die Menge A seiner verschiedenen Ausprägungen a_r beschrieben, $A = \{a_r | r=1,\ldots,m\}$. Die Menge A braucht weder endlich noch abzählbar zu sein.

Beispiel: Geschlecht oder Körpergröße der o.a. Studenten.

Bei einer Erhebung werden die Ausprägungen der interessierenden gemeinsamen Merkmale an jedem Element e_i festgestellt. Sie heißen Beobachtungswerte und werden in der Regel mit $x_i, y_i, \ldots$ bezeichnet.

Bemerkung: Die Merkmalsausprägungen a_r, $b_s,\ldots$ werden mit den Indizes der Mengen $\{a_r\}$, $\{b_s\}$ indiziert. Beobachtungswerte x_i, $y_i,\ldots$, die material ebenfalls Merkmalsausprägungen darstellen, werden mit den Indizes der Menge der Merkmalsträger $\{e_i\}$ indiziert.

Den Elementen einer empirischen statistischen Masse kommen zwei charakteristische Zeitpunkte zu, der Zugangszeitpunkt t_i', von dem an (einschließlich) es der statistischen Masse angehört und der Abgangszeitpunkt t_i'', von dem an (einschließlich) es nicht mehr der statistischen Masse angehört.

Beispiel: Die im Jahr 1970 in Bochum zugelassenen Kraftfahrzeuge bilden eine statistische Masse. Wird ein Fahrzeug am 1.3.1970 zugelassen und am 15.11.1970 abgemeldet, so ist der Zugangszeitpunkt der 1.3.1970 und der Abgangszeitpunkt der 15.11.1970.

Die praktisch durchaus relevanten Fälle wiederholter Zugehörigkeit eines Elements einer statistischen Masse werden hier ausgeschlossen.

Beispiel: Die vom 1.1.1970 bis zum 31.12.1974 in Bochum zugelassenen Kraftfahrzeuge bilden eine statistische Masse. Wird ein Fahrzeug innerhalb dieser Zeitspanne zugelassen, abgemeldet und dann wieder neu zugelassen, so liegt ein Fall wiederholter Zugehörigkeit zu der Menge der zugelassenen Kraftfahrzeuge vor.

Es gilt: $t_i' < t_i''$. Die Länge des Zeitintervalls $[t_i'; t_i'')$, $t_i'' - t_i'$, heißt Verweildauer d_i des Elementes e_i. Graphisch lassen sich die Elemente einer empirischen statistischen Masse durch Verweillinien darstellen.

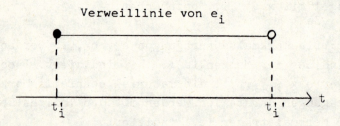

Verweillinie von e_i

Der Bestand B_a zum Zeitpunkt t_a ist die Menge $B_a = \{e_i | t_i' \leq t_y, t_i'' > t_a\}$. Sie ist eindeutig dem Zeitpunkt t_a zugeordnet. Der Zugang Z_{ab} im Zeitintervall $(t_a; t_b]$ ist die Menge $Z_{ab} = \{e_i | t_i' \in (t_a; t_b]\}$.

Sie ist eindeutig dem Zeitintervall $(t_a;t_b]$ zugeordnet. Unter dem Durchschnittsbestand $\bar{n}_{ab}$ für das Zeitintervall $(t_a;t_b]$ versteht man die von allen Elementen insgesamt während des Zeitintervalls $(t_a;t_b]$ in der statistischen Masse verweilte Zeit d_{ab} dividiert durch die Intervalllänge,

$$\bar{n}_{ab} = \frac{d_{ab}}{t_b - t_a} \ .$$

d_{ab} ist die Summe aller Längen von Verweillinien über dem Zeitintervall $(t_a;t_b]$.

Beispiel: In der folgenden graphischen Darstellung einer statistischen Masse ist d_{ab} die Summe der Längen aller stark ausgezogenen Strecken.

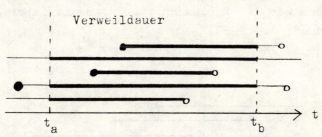

Die durchschnittliche Verweildauer $\bar{d}_{ab}$ für den Zugang Z_{ab} ist gleich der von den Elementen des Zugangs insgesamt verweilten Zeit dividiert durch den Umfang n_{ab}^+ des Zugangs:

$$\bar{d}_{ab} = \frac{\sum\limits_{j \in J} d_j}{n_{ab}^+} \ , \qquad J = \{j | e_j \in Z_{ab}\}.$$

Aufgabe 1

Über den Maschinenpark eines Kleinbetriebes sind folgende Aufzeichnungen vorhanden:

Maschine Nr.	Zeitpunkt der Inbetriebnahme	Zeitpunkt des Ausscheidens aus dem Betrieb
1	1.4.1967	1.1o.1968
2	1.7.1967	1. 1.1969
3	1.7.1967	1.1o.1969
4	1.1.1968	1. 1.197o
5	1.4.1968	1. 4.1969
6	1.4.1968	1. 1.197o

a) Zeichnen Sie die Verweillinien!
b) Bestimmen Sie den Bestand am 1.4.1968 und am 1.4.1969!
c) Wie hoch war der Durchschnittsbestand im Intervall (1.4.1968; 1.4.1969]?

Lösung
a)
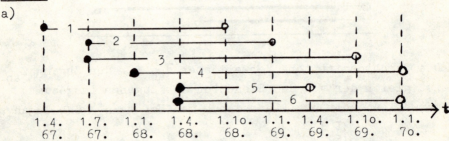

b) Der Bestand am 1.4.68 ist $B_{1.4.68} = \{1,2,3,4,5,6\}$.
   Der Bestand am 1.4.69 ist $B_{1.4.69} = \{3,4,6\}$.

c) Die von den Elementen insgesamt verweilte Zeit d_{ab} ist mit a = 1.4.68 und b = 1.4.69
$$d_{ab} = 6+9+12+12+12+12 = 63.$$

Damit ist der Durchschnittsbestand
$$\overline{n}_{ab} = \frac{d_{ab}}{t_b - t_a} = \frac{63}{12} = 5,25.$$

ooo

Aufgabe 2
Von den 100 Angestellten eines Betriebes haben sich im ersten Quartal des Jahres 1973 fünf krank gemeldet. Die Dauer des jeweiligen Fernbleibens vom Betrieb kann der folgenden Tabelle entnommen werden:

Angestellter Nr.	Tag der Krankmeldung	Tag der Wiederaufnahme der Arbeit
1	10.1.	2.2.
2	20.1.	15.2.
3	5.2.	10.2.
4	25.2.	5.3.
5	10.3.	20.3.

a) Bestimmen Sie den durchschnittlichen Krankenstand im Monat Februar!
b) Bestimmen Sie die durchschnittliche Krankheitsdauer für die im Februar erkrankten Arbeitnehmer!

Lösung
a) Nimmt man an, der Februar habe 28 Tage, so ergibt sich für den durchschnittlichen Krankenstand (Durchschnittsbestand)

$$\bar{n}_{ab} = \frac{d_{ab}}{t_b - t_a} = \frac{1 + 14 + 5 + 4}{28} = \frac{24}{28}.$$

b) Die durchschnittliche Krankheitsdauer der im Februar erkrankten Arbeitnehmer (durchschnittliche Verweildauer für den Zugang) beträgt

$$\bar{d}_{ab} = \frac{\Sigma d_j}{n_{ab}^+} = \frac{5 + 8}{2} = 6,5.$$

ooo

Aufgabe 3
Eine Kundin beschwert sich beim Leiter eines Supermarktes in Uninähe, daß in der Mittagszeit, wo gerade viele Kunden

einkaufen, nur eine Kasse geöffnet sei und daher die Wartezeiten zu lang seien. Der Leiter des Supermarktes beobachtet daraufhin am nächsten Tag um die Mittagszeit an der Kasse das Folgende: Um 13.00 Uhr warten 5 Kunden. Diese gehen zu den folgenden Zeiten ab: 13.05, 13.08, 13.12, 13.20, 13.25. In der Zeit von 13.00 - 14.00 Uhr kommen 6 Kunden hinzu:

Kunde	Ankunft	Abgang
1	13.10	13.34
2	13.20	13.38
3	13.35	13.50
4	13.42	13.55
5	13.45	13.58
6	13.55	14.05

a) Zeichnen Sie die Verweillinien!
b) Bestimmen Sie den Durchschnittsbestand und die durchschnittliche Verweildauer für den Zugang in der Zeit von 13.00 bis 14.00 Uhr!

<u>Lösung</u>
a)

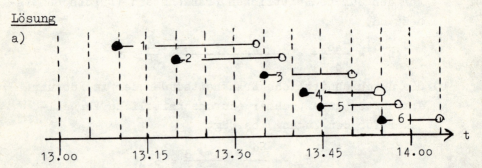

b) Die von den Kunden insgesamt verweilte Zeit im Zeitintervall (13.00;14.00] ist

$d_{13.00,14.00}$ = 5 + 8 + 12 + 20 + 25 + 24 + 18 + 15 +
            + 13 + 13 + 5 = 158.

Damit ergibt sich für den Durchschnittsbestand

$$\bar{n}_{13.00,14.00} = \frac{d_{13.00,14.00}}{60} = \frac{158}{60} = 2,63.$$

Die durchschnittliche Verweildauer für den Zugang ist

$$\bar{d}_{13.00,14.00} = \frac{\Sigma d_j}{n_{ab}^+} = \frac{24 + 18 + 15 + 13 + 13 + 10}{6}$$

$$= \frac{93}{6} = 15,5.$$

ooo

Abschnitt 2

AUFGABEN ÜBER HÄUFIGKEITSVERTEILUNGEN

Im folgenden sollen nur quantitative bzw. quantifizierte Merkmale betrachtet werden. Das Ergebnis einer Erhebung ist zunächst eine Masse von Informationen. Um die durch die Erhebung gewonnene Information übersichtlich zu gestalten, ist es zweckmäßig, die Elemente zusammenzufassen, die bezüglich eines Merkmals die gleiche Ausprägung besitzen. Die Anzahl der Elemente, die die Ausprägung a_r des betrachteten Merkmals $\mathfrak{A}$ aufweisen, heißt absolute Häufigkeit von a_r, $f_r = n[\{e_i | x_i = a_r\}]$.

Beispiel: Die Aussage "Von den 315 Arbeitnehmern eines Betriebes haben 37 genau ein Kind." bedeutet, daß der Merkmalsausprägung "genau ein Kind haben" in der statistischen Masse der 315 Arbeitnehmer des betrachteten Betriebes die absolute Häufigkeit 37 zukommt.

Die Menge der Zahlenpaare $\{(a_1,f_1), (a_2,f_2),\ldots (a_m,f_m)\}$ beschreibt die Häufigkeitsverteilung des Merkmals $\mathfrak{A}$ in der betrachteten statistischen Masse. Sie läßt sich in einem Koordinatensystem (auf der Abszisse die a-Werte, auf der Ordinate die f-Werte) darstellen (Stabdiagramm). Ist n die Anzahl der Elemente der statistischen Masse, so heißt

$$h_r = \frac{f_r}{n}$$

die relative Häufigkeit der Merkmalsausprägung a_r. $h_r' = h_r \cdot 100\ \%$ heißt die prozentuale Häufigkeit der Merkmalsausprägung a_r. Es gilt $\Sigma f_r = n$, $\Sigma h_r = 1$, $\Sigma h_r' = 100\ \%$. Häufig interessiert die Anzahl der Elemente, deren Merkmalsausprägung höchstens gleich a_r ist. Ihre Anzahl, $F_r = n[\{e_i | x_i \leq a_r\}]$, heißt kumulierte absolute Häufigkeit. Falls die Merkmalsausprägungen der Größe nach numeriert sind, gilt

$$F_r = \sum_{j=1}^{r} f_j, \quad F_m = n.$$

Analog werden die kumulierte relative Häufigkeit

$$H_r = \sum_{j=1}^{r} h_j \text{ mit } H_m = 1$$

und die kumulierte prozentuale Häufigkeit

$$H_r' = \sum_{j=1}^{r} h_j' \text{ mit } H_m' = 100 \%$$

definiert. Bei einer großen Anzahl verschiedener Merkmalsausprägungen wird diese Anwendung des Häufigkeitskonzepts unübersichtlich (z.B. Körpergröße). Diese Schwierigkeit wird durch Klassenbildung umgangen. Die einzelnen Klassen werden durch rechts offene, aneinander anschließende Intervalle gebildet, so daß jede Merkmalsausprägung in genau eine Klasse fällt. Für das k-te Klassenintervall ergibt sich

$$I_k = [a_k^* - \tfrac{1}{2} d_k; \; a_k^* + \tfrac{1}{2} d_k)$$

mit den Klassenmitten a_k^*, der Klassenbreite d_k, der unteren bzw. oberen Klassengrenze $a_k^* \mp \tfrac{1}{2} d_k$. Die Übertragung des Häufigkeitskonzepts auf den Fall der Klassenbildung ergibt sich dadurch, daß an die Stelle der Aussage "Das Element e_i hat die Merkmalsausprägung a_r." die Aussage "Die Merkmalsausprägung des Elementes e_i fällt in das Intervall I_k." tritt. Diese neuen Daten (Klassenzugehörigkeit anstelle individueller Merkmalsausprägungen) heißen gruppierte Daten. Ihre Häufigkeitsverteilung wird graphisch durch das Histogramm (vgl. Abb.) beschrieben, bei dem in einem Koordinatensystem über den auf der Abszisse aufgetragenen Klassen Rechtecke errichtet werden, deren Flächen den korrespondierenden Klassenhäufigkeiten entsprechen. Verbindet man die über den Klassenmitten liegenden Punkte der oberen Rechteckseiten des Histogramms, so ergibt sich das Häufigkeitspolygon.

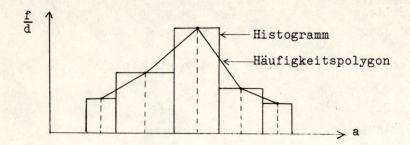

Im Falle von Merkmalsausprägungen, bei denen Summenbildungen sinnvoll sind (z.B. Einkommen, Umsatz, Beschäftigtenzahl), läßt sich die Gleichmäßigkeit der Verteilung der Merkmalsausprägungen durch Lorenzkurven graphisch darstellen. Sei H_k' die kumulierte prozentuale Klassenhäufigkeit und M_k' die Summe der Merkmalsausprägungen der von allen in H_k' zusammengefaßten Merkmalsträger ausgedrückt in Prozenten von der Gesamtsumme aller individuellen Merkmalsausprägungen. Der die Punkte mit den Koordinaten (H_k', M_k') verbindende Streckenzug beginnt bei (o %, o %) und endet bei (1oo %, 1oo %), ist monoton steigend und überschneidet niemals die 45°-Linie. Er heißt Lorenz- oder Konzentrationskurve und das Ausmaß seines Abweichens von der 45°-Linie beschreibt die Ungleichmäßigkeit der Verteilung eines Merkmals in der statistischen Masse. Das höchste Maß an Gleichmäßigkeit im Sinne dieser Definition wäre erreicht, wenn stets auf x % beliebig herausgegriffene Merkmalsträger auch x % der Gesamtsumme der Merkmalsausprägungen entfielen.

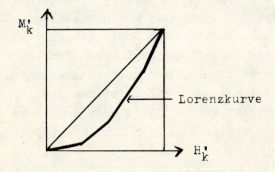

Aufgabe 4

Die 30 Filialen eines Unternehmens erreichten in einem Geschäftsjahr die folgenden Umsätze (in Mio DM):

2, 4, 6, 4, 7, 5, 7, 4, 3, 5,
5, 8, 6, 3, 5, 2, 9, 4, 5, 6,
8, 3, 10, 5, 4, 3, 7, 4, 6, 4.

a) Geben Sie die absoluten, die relativen und die prozentualen Häufigkeiten der Umsätze an!
b) Zeichnen Sie das Stabdiagramm!
c) Geben Sie die kumulierten absoluten und relativen Häufigkeiten der Umsätze an!

Lösung

a)c) Für die absoluten, relativen, prozentualen und für die kumulierten absoluten und relativen Häufigkeiten erhält man:

r	a_r	f_r	h_r	$h_r'(\approx)$	F_r	H_r
1	2	2	2/30	6,66 %	2	2/30
2	3	4	4/30	13,33 %	6	6/30
3	4	7	7/30	23,33 %	13	13/30
4	5	6	6/30	20,00 %	19	19/30
5	6	4	4/30	13,13 %	23	23/30
6	7	3	3/30	10,00 %	26	26/30
7	8	2	2/30	6,66 %	28	28/30
8	9	1	1/30	3,33 %	29	29/30
9	10	1	1/30	3,33 %	30	1

b)
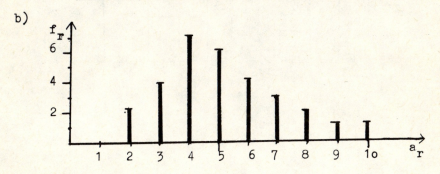

Aufgabe 5

a) Gruppieren Sie die Daten der Aufgabe 4, indem Sie einmal von den Umsatzklassen [2;4), [4;6), [6;8), [8;1o), [1o;12) und einmal von den Umsatzklassen [2;4), [4;7), [7;11) ausgehen!

b) Zeichnen Sie die zugehörigen Histogramme und Häufigkeitspolygone!

Lösung

a) Für die angegebenen Umsatzklassen erhält man die folgenden Klassenhäufigkeiten:

I_k	f_k^*
[2;4)	6
[4;6)	13
[6;8)	7
[8;1o)	3
[1o;12)	1

I_k	f_k^*
[2;4)	6
[4;7)	17
[7;11)	7

b)

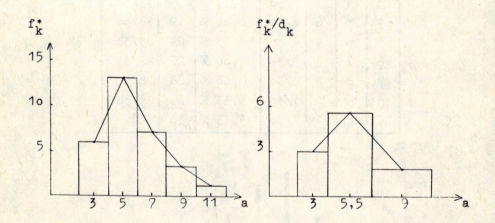

Aufgabe 6

Bei der Erhebung der Umsätze von 100 ausgewählten Firmen ergab sich folgende Aufteilung auf Umsatzgruppen:

Umsatz (in Mio DM)	Anzahl der Firmen
50 bis unter 100	10
100 bis unter 150	30
150 bis unter 200	40
200 bis unter 300	20

Zeichnen Sie die Lorenzkurve!

Lösung

Die kumulierten, prozentualen Klassenhäufigkeiten H_k' und die Summe der Merkmalsausprägungen der von allen in H_k' zusammengefaßten Merkmalsträger (ausgedrückt in Prozenten der Gesamtsumme)

$$M_k' = \frac{\sum_{j=1}^{k} a_j^* f_j^*}{\sum_{j=1}^{m^*} a_j^* f_j^*} \cdot 100 \%$$

sind in der folgenden Tabelle zusammengestellt:

k	I_k	a_j^*	f_j^*	$a_j^* f_j^*$	H_k'	M_k'
1	[50,100)	75	10	750	10 %	4,54 %
2	[100,150)	125	30	3750	40 %	27,27 %
3	[150,200)	175	40	7000	80 %	69,70 %
4	[200,300)	250	20	5000	100 %	100,00 %

Die Verbindungslinien der Punkte (H_k', M_k') ergeben die Lorenzkurve.

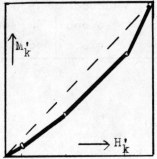

Aufgabe 7

Stellen Sie die Konzentration in einer Industrie anhand der folgenden Daten dar (Konzentrationsindikator sei die Beschäftigtenzahl):

k	Größenklasse I_k	Anzahl der Betriebe je Größenklasse	Anzahl der Beschäftigten je Größenklasse
1	1 bis unter 10	7.000	30.000
2	10 bis unter 50	6.000	180.000
3	50 bis unter 100	3.000	240.000
4	100 bis unter 200	2.000	300.000
5	200 bis unter 500	1.000	480.000
6	500 bis unter 1000	500	420.000
7	1000 und mehr	500	1.350.000

Lösung

Die Konzentration kann durch eine Lorenzkurve veranschaulicht werden. Die Koordinaten ihrer Eckpunkte (H_k', M_k') finden sich in der folgenden Tabelle. Zu ihrer Berechnung vgl. Aufgabe 6.

k	I_k	f_j^*	$a_j^* f_j^*$	H_k'	M_k'
1	[1; 10)	7000	30.000	35,0 %	1 %
2	[10; 50)	6000	180.000	65,0 %	7 %
3	[50; 100)	3000	240.000	80,0 %	15 %
4	[100; 200)	2000	300.000	90,0 %	25 %
5	[200; 500)	1000	480.000	95,0 %	41 %
6	[500; 1000)	500	420.000	97,5 %	55 %
7	[1000; ∞)	500	1.350.000	100,0 %	100 %

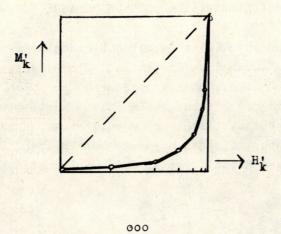

ooo

Abschnitt 3

AUFGABEN ÜBER MITTELWERTE UND STREUUNGSMASSE

Die Beschreibung der Gesamtheit von Beobachtungswerten erfolgt durch Maßzahlen. Für den Fall eines Merkmals sind die beiden wichtigsten Gruppen von Maßzahlen die Mittelwerte und die Streuungsmaße. Mittelwerte dienen dazu, die durchschnittliche Größe von Beobachtungswerten in einer statistischen Masse zu beschreiben. Die gebräuchlichsten Mittelwerte sind das arithmetische Mittel,

$$\overline{x} = \frac{1}{n} \sum_{i=1}^{n} x_i,$$

der Median $\tilde{x} = x_{n'+1}$ (wenn die Anzahl der Beobachtungswerte $n = 2n'+1$ beträgt), der Modus $\check{x} = a_r$, (wenn die Merkmalsausprägung a_r von allen Merkmalsausprägungen am häufigsten vorkommt), das geometrische Mittel

$$x_G = \sqrt[n]{x_1 \cdot x_2 \cdots x_n},$$

das harmonische Mittel

$$x_H = \frac{1}{\frac{1}{n} \sum \frac{1}{x_i}}.$$

Das arithmetische Mittel reagiert sehr empfindlich auf **extreme Werte. Es empfiehlt sich ggf. atypische Werte zu eli**minieren. Der Median wird eher von den Rangnummern der Werte als von den Werten selbst bestimmt. Für eine gerade Anzahl von Beobachtungswerten ist er zunächst nicht definiert. In diesem Falle definiert man den Median als das arithmetische Mittel der beiden mittleren Werte. Der Modus wird nur von Größenverhältnissen an einer bestimmten Stelle der Häufigkeitsverteilung beeinflußt. Er existiert nicht immer, z.B. dann nicht, wenn die beiden häufigsten Merkmalsausprägungen gleich häufig vorkommen. Die Berechnung des geometrischen Mittels ist nur dann sinnvoll, wenn positive Beobachtungswerte vorliegen. Das harmonische Mittel ist ebenfalls nur für positive Beobachtungswerte sinnvoll. Über das zahlenmäßige Verhältnis von Median, Modus und arithmetischem Mittel bei unimodalen, linksschiefen bzw. rechtsschiefen Verteilungen informiert die Lageregel von Fechner. Es gilt im allgemeinen $\overset{\vee}{x} > \tilde{x} > \bar{x}$ bzw. $\bar{x} > \tilde{x} > \overset{\vee}{x}$. Ferner gilt stets

$$x_H \leq x_G \leq \bar{x}.$$

Streuungsmaße beschreiben die Variation der Beobachtungswerte in einer statistischen Masse. Die wichtigsten Streuungsmaße sind die mittlere quadratische Abweichung

$$s^2 = \frac{1}{n} \Sigma (x_i - \bar{x})^2,$$

die Standardabweichung s (positive Quadratwurzel aus s^2), die durchschnittliche Abweichung

$$\frac{1}{n} \Sigma |x_i - \bar{x}|,$$

der Variationskoeffizient $s/\bar{x}$. Ein weiteres, sehr einfaches Streuungsmaß ist die Spannweite (Differenz zwischen dem größten und dem kleinsten Beobachtungswert). Geht man bei der Berechnung solcher Maßzahlen von gruppierten Daten aus, so treten anstelle der individuellen Beobachtungswerte die jeweiligen Klassenmitten. Die Ergebnisse bedeuten in diesem Falle nur Näherungswerte für die korrekten Maßzahlen der individuellen Beobachtungswerte.

Aufgabe 8

a) Berechnen Sie für die Häufigkeitsverteilung

i	1	2	3	4	5	6	7	8	9	10
x_i	5	2	3	1	4	3	4	2	3	3

die folgenden Maßzahlen: Median, Modus, arithmetisches Mittel, geometrisches Mittel, harmonisches Mittel, Spannweite, durchschnittliche Abweichung, mittlere quadratische Abweichung, Standardabweichung, Variationskoeffizient!

b) Charakterisieren Sie die Häufigkeitsverteilung nach der Form ihres Häufigkeitsdiagramms!

c) Überprüfen Sie die Fechnersche Lageregel anhand dieser Häufigkeitsverteilung!

d) Bestätigen Sie die Größenregel für das arithmetische, geometrische und das harmonische Mittel!

Lösung

Arbeitstabelle 1

i	x_i	$x_i - \bar{x}$	$|x_i - \bar{x}|$	$(x_i - \bar{x})^2$
1	5	2	2	4
2	2	-1	1	1
3	3	0	0	0
4	1	-2	2	4
5	4	1	1	1
6	3	0	0	0
7	4	1	1	1
8	2	-1	1	1
9	3	0	0	0
10	3	0	0	0
Σ	30	0	8	12

Arbeitstabelle 2

r	a_r	f_r	$a_r f_r$	$1/a_r$	f_r/a_r
1	1	1	1	1/1	1/1 = 30/30
2	2	2	4	1/2	2/2 = 30/30
3	3	4	12	1/3	4/3 = 40/30
4	4	2	8	1/4	2/4 = 15/30
5	5	1	5	1/5	1/5 = 6/30
Σ		10	30		121/30

a) Aus den Arbeitstabellen ermittelt man die Werte für den Median $\tilde{x} = (3+3)/2 = 3$, den Modus $\overset{v}{x} = 3$, das arithmetische Mittel $\bar{x} = 30/10 = 3$, das geometrische Mittel $x_G = (1 \cdot 2 \cdot 2 \cdot 3 \cdot 3 \cdot 3 \cdot 3 \cdot 4 \cdot 4 \cdot 5)^{1/10} = (25 \cdot 920)^{1/10} \approx 2{,}76$, das harmonische Mittel $x_H = 10(121/30)^{-1} \approx 2{,}47$, die Spannweite $5-1=4$, die durchschnittliche Abweichung $8/10 = 0{,}8$, die mittlere quadratische Abweichung $s^2 = 12/10 = 1{,}2$, die Standardabweichung $s = \sqrt{1{,}2} \approx 1{,}09$, den Variationskoeffizient $s/\bar{x} = 1{,}09/3 \approx 0{,}36$.

b) Das Häufigkeitsdiagramm oder das Stabdiagramm weisen die Verteilung als streng symmetrisch aus.

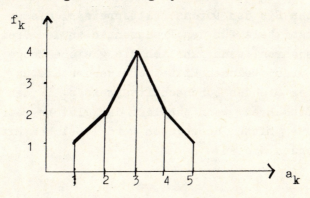

c) Die unter b) festgestellte Symmetrie drückt sich durch die Gültigkeit der Gleichheitszeichen aus,
$$\bar{x} = \tilde{x} = \overset{v}{x} = 3.$$

d) Die numerischen Ergebnisse bestätigen die Größenregel für den Fall verschiedener Merkmalsausprägungen,
$$3,00 > 2,76 > 2,47 \;.$$
Diese numerische Bestätigung wird durch den Approximationscharakter der Zahlenwerte nicht in Frage gestellt, da die Berechnungen jeweils nach einer gesicherten Dezimalstelle abgebrochen und nicht gerundet wurden.

ooo

Aufgabe 9

Angenommen, die Preise für ein bestimmtes Produktionsmittel betrugen in drei aufeinanderfolgenden Geschäftsjahren pro Kilogramm DM 5,--, DM 1o,-- und DM 2o,--.

a) Berechnen Sie den Durchschnittspreis p_1 dieses Produktionsmittels für den Produzenten in den drei Geschäftsjahren, wenn jährlich die gleiche Menge eingekauft wurde! Welchen Mittelwert wenden Sie an?

b) Berechnen Sie den Durchschnittspreis p_2 in den drei Geschäftsjahren, wenn jährlich der gleiche Betrag für dieses Mittel ausgegeben wurde! Welchen Mittelwert wenden Sie an?

Lösung

a) Sei die jährlich verbrauchte Menge M, dann ergibt sich für den Durchschnittspreis

$$p_1 = \frac{\text{Gesamtausgaben}}{\text{Gesamtmenge}} = \frac{5M + 1oM + 2oM}{M + M + M} = \frac{5 + 1o + 2o}{3} = 11,66,$$

d.h. das arithmetische Mittel der Einzelpreise.

b) Sei der jährlich ausgegebene Betrag B, dann ergibt sich für den Durchschnittspreis

$$p_2 = \frac{\text{Gesamtausgaben}}{\text{Gesamtmenge}} = \frac{B + B + B}{B/5 + B/10 + B/20}$$

$$= \frac{1}{1/3(1/5 + 1/10 + 1/20)} = 8,75,$$

d.h. das harmonische Mittel der Einzelpreise.

ooo

Aufgabe 10

Gegeben sind die folgenden Beobachtungswerte:
 2, 4, 3, 6, 3, 5, 7, 2, 8, 1, 3, 3, 4, 4, 5.
a) Berechnen Sie das arithmetische Mittel und die mittlere quadratische Abweichung!
b) Gruppieren Sie die Daten nach den folgenden Klassen:
 $[1,3)$, $[3,6)$, $[6,9)$!
 Berechnen Sie das arithmetische Mittel und die mittlere quadratische Abweichung für die gruppierten Daten! Geben Sie eine triviale Bedingung dafür an, daß die Verfahren in a) und b) zum gleichen Ergebnis führen!
c) Zeichnen Sie das Histogramm zu b)!

Lösung
a)

Arbeitstabelle

a_r	f_r	$a_r f_r$	$a_r - \bar{x}$	$(a_r - \bar{x})^2 f_r$
1	1	1	-3	9
2	2	4	-2	8
3	4	12	-1	4
4	3	12	0	0
5	2	10	1	2
6	1	6	2	4
7	1	7	3	9
8	1	8	4	16
Σ	15	60		52

Aus der Arbeitstabelle ergibt sich für das arithmetische Mittel

$$\overline{x} = 60/15 = 4$$

und für die mittlere quadratische Abweichung

$$s^2 = 52/15 \approx 3{,}46.$$

b)

I_k	a_k^*	f_k^*	$(a_k^*-\overline{x})^2$	$(a_k^*-\overline{x})^2 f_k^*$	$a_k^* f_k^*$
[1;3)	2,0	3	6,76	20,28	6,0
[3;6)	4,5	9	0,01	0,09	40,5
[6;9)	7,5	3	8,41	25,23	22,5
Σ		15		45,60	69,0

Aus der Arbeitstabelle ergibt sich für das arithmetische Mittel

$$\overline{x}^* = 69{,}0/15 = 4{,}6$$

und für die mittlere quadratische Abweichung

$$s^{2*} = 45{,}6/15 = 3{,}04.$$

Diese beiden Werte bedeuten Näherungswerte für die korrespondierenden Maßzahlen der Originaldaten. In dem trivialen Fall, daß diese mit den Klassenmitten übereinstimmen, ergeben sich gleiche Maßzahlen.

c)

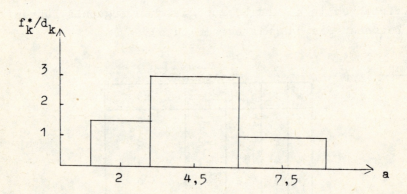

Aufgabe 11

Für die Dauer der Betriebszugehörigkeit der Arbeitnehmer eines Unternehmens ergab sich die folgende Aufstellung:

Betriebszugehörigkeit in Jahren	Anzahl der Arbeitnehmer
bis unter 2	8
2 bis unter 4	32
4 " " 7	64
7 " " 12	32
12 und mehr	24

Keiner der Arbeitnehmer war 20 Jahre oder länger in diesem Unternehmen beschäftigt. Berechnen Sie die durchschnittliche Betriebszugehörigkeit für den Stichtag der Aufstellung nach der Methode der gruppierten Daten und kommentieren Sie das Ergebnis!

Lösung

Arbeitstabelle

I_k	f_k^*	a_k^*	$a_k^* f_k^*$
[0; 2)	8	1,0	8,0
[2; 4)	32	3,0	96,0
[4; 7)	64	5,5	352,0
[7;12)	32	9,5	304,0
[12;20)	24	16,0	384,0
Σ	160		1144,0

Aus der Tabelle berechnet man das arithmetische Mittel für die gruppierten Daten,

$$1144/160 \approx 7,15.$$

Diese Zahl ist i.a. von dem wahren Wert für die durchschnittliche Betriebszugehörigkeit verschieden und stellt nur einen Näherungswert dar.

ooo

Abschnitt 4

AUFGABEN ÜBER KORRELATION UND REGRESSION

Die Korrelationskoeffizienten beschreiben den formalen Zusammenhang zwischen den Beobachtungswerten zweier Merkmale in einer statistischen Masse. Die Frage ist: Entsprechen große Ausprägungen eines Merkmals in systematischer Weise großen (oder kleinen) Ausprägungen des anderen Merkmals oder nicht?

Bemerkung: Korrelationskoeffizienten sagen als solche nichts über den kausalen Zusammenhang zwischen den Beobachtungswerten zweier Merkmale aus.

Bei dem Korrelationskoeffizienten von Fechner werden nur die Vorzeichen der Abweichungen der Beobachtungswerte von ihren arithmetischen Mitteln berücksichtigt. Ist Ü die Anzahl der in den Vorzeichen übereinstimmenden Paare $(x_i - \overline{x}, y_i - \overline{y})$ und N die Anzahl der nicht übereinstimmenden Paare, so ist der Korrelationskoeffizient von Fechner

$$r_F = \frac{Ü - N}{Ü + N} \;.$$

Bemerkung: Die Beträge der Abweichungen werden bei dem Korrelationskoeffizienten von Fechner nicht berücksichtigt (vgl. hierzu Aufgabe Nr. 15).

Aus Gründen der Eindeutigkeit werden Fälle, in denen eine der Differenzen Null ist, als Übereinstimmungen gezählt. Der Korrelationskoeffizient von Bravais-Pearson berücksichtigt auch die Beträge der Abweichungen der Beobachtungswerte von arithmetischen Mitteln,

$$r_{BP} = \frac{\Sigma(x_i - \overline{x})(y_i - \overline{y})}{\sqrt{\Sigma(x_i - \overline{x})^2 \; \Sigma(y_i - \overline{y})^2}} \;.$$

Die Nenner in r_F bzw. r_{BP} dienen der Normierung, so daß die Werte der definierten Korrelationskoeffizienten stets in das Intervall $[-1;+1]$ fallen. Ordnet man den Merkmalsausprägungen x_i (bzw. y_i) Rangzahlen n_i' (bzw. n_i'') zu, d.h. der größten Ausprägung die Zahl 1, der zweitgrößten die Zahl 2 usw., dann läßt sich der r_{BP} für diese Rangzahlen in der Form

$$r_{Sp} = 1 - \frac{6\Sigma(n_i' - n_i'')^2}{(n-1)n(n+1)}$$

schreiben (Rangkorrelationskoeffizient von Spearman). Bei der einfachen linearen Regression geht es darum, die Beobachtungswerte y_i des Merkmals $\mathfrak{B}$ durch eine lineare Funktion der Beobachtungswerte x_i des Merkmals $\mathfrak{A}$, $y_i^* = a + bx_i$, in der Weise zu beschreiben, daß die durch diese Beschreibung zwangsläufig bedingten Abweichungen möglichst gering werden. Das hier angewandte Prinzip der Methode der kleinsten Quadrate nimmt als Abweichungsmaß

$$Q = \Sigma(y_i - a - bx_i)^2 .$$

Seine Minimierung ergibt

$$b = \frac{\Sigma(x_i - \bar{x})(y_i - \bar{y})}{\Sigma(x_i - \bar{x})^2} , \quad a = \bar{y} - b\bar{x} .$$

b heißt Regressionskoeffizient. Er ist gleich der Neigung der Regressionsgeraden $y_i^* = a + bx_i$, die approximativ den Zusammenhang zwischen y und x beschreibt.

Aufgabe 12

Die Beobachtungswerte x_i und y_i zweier Merkmale in einer statistischen Masse sind

i	1	2	3	4	5	6	7
x_i	1	2	3	4	5	6	7
y_i	2	3	2	3	5	7	6

a) Berechnen Sie den Korrelationskoeffizienten von Bravais-Pearson!

b) Berechnen Sie den Regressionskoeffizienten der linearen Regression von y auf x!

Lösung

Eine Arbeitstabelle der folgenden Art erleichtert die Berechnung:

i	x_i	y_i	$x_i-\bar{x}$	$y_i-\bar{y}$	$(x_i-\bar{x})^2$	$(y_i-\bar{y})^2$	$(x_i-\bar{x})(y_i-\bar{y})$
1	1	2	-3	-2	9	4	6
2	2	3	-2	-1	4	1	2
3	3	2	-1	-2	1	4	2
4	4	3	0	-1	0	1	0
5	5	5	1	1	1	1	1
6	6	7	2	3	4	9	6
7	7	6	3	2	9	4	6
Σ	28	28	0	0	28	24	23

$$\bar{x} = \frac{1}{n}\Sigma x_i = \frac{1}{7} \cdot 28 = 4, \quad \bar{y} = \frac{1}{n}\Sigma y_i = \frac{1}{7} \cdot 28 = 4.$$

a) Der Korrelationskoeffizient von Bravais-Pearson ist

$$r_{BP} = \frac{\Sigma(x_i-\bar{x})(y_i-\bar{y})}{\sqrt{\Sigma(x_i-\bar{x})^2 \, \Sigma(y_i-\bar{y})^2}} = \frac{23}{\sqrt{28 \cdot 24}} \approx 0{,}88$$

b) Der Regressionskoeffizient ist

$$b = \frac{\Sigma(x_i-\bar{x})(y_i-\bar{y})}{\Sigma(x_i-\bar{x})^2} = \frac{23}{28} \approx 0{,}82$$

ooo

Aufgabe 13

Die Beobachtungswerte x_i und y_i zweier Merkmale an den Elementen einer statistischen Masse sind

i	1	2	3	4	5
x_i	1	2	3	4	5
y_i	4	5	3	1	2

a) Berechnen Sie den Korrelationskoeffizienten von Bravais Pearson!
b) Interpretieren Sie die Angaben in der Tabelle als Rangzahlen und kommentieren Sie das Ergebnis aus a)!

Lösung:

a) Arbeitstabelle:

i	x_i	y_i	$x_i-\bar{x}$	$y_i-\bar{y}$	$(x_i-\bar{x})(y_i-\bar{y})$	$(x_i-\bar{x})^2$	$(y_i-\bar{y})^2$
1	1	4	-2	1	-2	4	1
2	2	5	-1	2	-2	1	4
3	3	3	0	0	0	0	0
4	4	1	1	-2	-2	1	4
5	5	2	2	-1	-2	4	1
Σ	15	15	0	0	-8	10	10

$\bar{x} = \frac{1}{n} \Sigma x_i = \frac{1}{5} \cdot 15 = 3$, $\bar{y} = \frac{1}{n} \Sigma y_i = \frac{1}{5} \cdot 15 = 3$.

Mit diesen Zahlen ergibt sich für den Bravais-Pearson'schen Korrelationskoeffizienten

$$r_{BP} = \frac{\Sigma(x_i-\bar{x})(y_i-\bar{y})}{\sqrt{\Sigma(x_i-\bar{x})^2 \Sigma(y_i-\bar{y})^2}} = \frac{-8}{\sqrt{10 \cdot 10}} = -0,8.$$

b) Werden die Angaben in der Ausgangstabelle als Rangzahlen interpretiert, was möglich ist, da alle Beobachtungswerte für ein Merkmal jeweils verschieden sind und die ganzen Zahlen von 1 bis 5 durchlaufen, so ergibt sich der Spearman'sche Rangkorrelationskoeffizient. Probe:

$$r_{Sp} = 1 - \frac{6\Sigma(n_i'-n_i'')^2}{(n-1)n(n+1)} = 1 - \frac{6 \cdot 36}{(5-1)5(5+1)}$$

$$= 1 - 1,8 = -0,8$$

mit

i	n_i'	n_i''	$(n_i' - n_i'')^2$
1	1	4	9
2	2	5	9
3	3	3	0
4	4	1	9
5	5	2	9
	Summe		36

ooo

Aufgabe 14

1o Kandidaten der Zwischenprüfung erzielten bei der Klausur 'Volkswirtschaftslehre' und bei der Klausur 'Statistik' folgende Punktzahlen (maximale Punktzahl jeweils 4o Punkte):

Kandidat Nr.	Punktzahl VWL	Stat.
1	2o	25
2	38	4o
3	24	27
4	25	17
5	31	3o
6	33	31
7	21	26
8	5	7
9	17	22
1o	12	18

Berechnen Sie den Rangkorrelationskoeffizienten für die beiden Klausurergebnisse!

Lösung

Zunächst werden den Kandidaten die folgenden Rangzahlen zugeordnet:

Kandidat Nr.	n_i'	n_i''	$(n_i'-n_i'')^2$
1	4	5	1
2	10	10	0
3	6	7	1
4	7	2	25
5	8	8	0
6	9	9	0
7	5	6	1
8	1	1	0
9	3	4	1
10	2	3	1
Summe			30

Die Formel für den Spearman'schen Rangkorrelationskoeffizienten ist

$$r_{Sp} = 1 - \frac{6\,\Sigma(n_i'-n_i'')^2}{(n-1)n(n+1)} \quad ,$$

wofür sich mittels der Tabelle der Wert

$$r_{Sp} = 1 - \frac{6 \cdot 30}{9 \cdot 10 \cdot 11} \approx 0{,}81$$

ergibt.

ooo

Aufgabe 15

Gegeben sind die folgenden Beobachtungswerte für zwei Merkmale in einer statistischen Masse:

i	1	2	3	4	5	6
x_i	1	2	3	7	8	9
y_i	3	1	3	5	7	5

a) Berechnen Sie für die beiden Merkmale den Korrelationskoeffizienten von Bravais-Pearson!

b) Berechnen Sie für die beiden Merkmale den Korrelationskoeffizienten von Fechner!

Lösung

a) Arbeitstabelle:

i	x_i	y_i	$x_i-\bar{x}$	$y_i-\bar{y}$	$(x_i-\bar{x})^2$	$(y_i-\bar{y})^2$	$(x_i-\bar{x})(y_i-\bar{y})$
1	1	3	-4	-1	16	1	4
2	2	1	-3	-3	9	9	9
3	3	3	-2	-1	4	1	2
4	7	5	2	1	4	1	2
5	8	7	3	3	9	9	9
6	9	5	4	1	16	1	4
Σ	30	24	0	0	58	22	30

$\bar{x} = \frac{1}{n}\Sigma x_i = \frac{1}{6} \cdot 30 = 5$, $\bar{y} = \frac{1}{n}\Sigma y_i = \frac{1}{6} \cdot 24 = 4$.

Daraus errechnet sich der Korrelationskoeffizient von Bravais-Pearson zu

$$r_{BP} = \frac{30}{\sqrt{22 \cdot 58}} \approx 0{,}83.$$

b) Arbeitstabelle:

i	Vorzeichen $x_i-\bar{x}$	Vorzeichen $y_i-\bar{y}$	Übereinstimmung
1	-	-	ja
2	-	-	ja
3	-	-	ja
4	+	+	ja
5	+	+	ja
6	+	+	ja

Daraus ergibt sich für den Korrelationskoeffizienten von Fechner

$$r_F = \frac{\text{Ü}-N}{\text{Ü}+N} = \frac{6-0}{6+0} = 1.$$

ooo

Abschnitt 5

AUFGABEN ÜBER ZEITREIHENANALYSE

Die hier betrachtete Art der Zeitreihenanalyse besteht darin, bestimmte material interpretierte Komponenten der durch eine zeitlich geordnete Folge von Beobachtungswerten x_i gegebenen Zeitreihe zu isolieren. Diese systematischen Komponenten sind der Trend t_i, der die monotone langfristige Entwicklung beschreibt, die zyklische Komponente z_i, die den konjunkturellen Einflüssen entspricht und die Saisonkomponente s_i, die den monats- oder quartals-typischen Abweichungen entspricht. Die einfachste und hier angenommene Kompositionshypothese legt einen additiven Zusammenhang der Komponenten zugrunde, $x_i = t_i + z_i + s_i + r_i$, wobei die irreguläre Komponente r_i den Saldo zwischen den Beobachtungswerten und der Summe der systematischen Komponenten beschreibt. Trend und zyklische Komponente werden als glatte Komponente, $t_i + z_i$, zusammengefaßt. In den Aufgaben werden einfache Methoden zur Bestimmung von Trend und glatter Komponente behandelt. Zur Bestimmung des Trends kommt neben der Methode der kleinsten Quadrate (vgl. Abschnitt 4) häufig die sehr einfache Methode der 'Reihenhälften' zur Anwendung. Hierbei werden die Beobachtungswerte in zwei gleich große Gruppen geteilt. Bei einer geraden Anzahl der Beobachtungswerte $n = 2n'$ sind es die ersten n' und die zweiten n' Beobachtungswerte, bei einer ungeraden Anzahl $n = 2n'+1$ läßt man den mittleren Beobachtungswert weg. Die arithmetischen Mittel der beiden 'Reihenhälften' sind

$$\overline{x}' = \frac{1}{n'} \sum_{i=1}^{n'} x_i \quad \text{und} \quad \overline{x}'' = \frac{1}{n'} \sum_{i=1}^{n'} x_{n'+i} \ .$$

Die Gerade durch die Punkte

$$\left(\frac{n'+1}{2}; \overline{x}'\right) \quad \text{und} \quad \left(\frac{3n'+1}{2}; \overline{x}''\right)$$

definiert den Trend. Nach der hier gemachten Komponenten-

und Kombinationshypothese verläuft die Saisonkomponente
derart um die glatte Komponente, daß sich ihre Werte im
Laufe eines Jahres ausgleichen. Macht man für die irreguläre Komponente eine entsprechende Annahme, so wird
das arithmetische Mittel aus 12 aufeinanderfolgenden
Monatswerten (oder aus 4 aufeinanderfolgenden Quartalswerten) nur noch Informationen über die glatte Komponente enthalten. Der Übergang von den Beobachtungswerten zu solchen gleitenden Durchschnitten heißt Reihenglättung. Durch sie wird hier die glatte Komponente
definiert. Bei der Anwendung auf Jahreswerte, d.h.
auf Beobachtungswerte, die ex definitione keine Saisonkomponente enthalten, läßt sich mit den gleitenden Durchschnitten die irreguläre Komponente ausschalten.

Aufgabe 16

Eine Unternehmung hatte in den Jahren 1960 - 1969 folgende Umsätze:

Jahr	t	Umsatz in Mio DM
1960	1	2
1961	2	1
1962	3	3
1963	4	4
1964	5	5
1965	6	6
1966	7	4
1967	8	7
1968	9	8
1969	10	10

Bestimmen Sie den linearen Trend a) nach der Methode der Reihenhälften, b) nach der Methode der kleinsten Quadrate!

Lösung

a) Die Anzahl der Zeitpunkte ist $n = 2n'$ mit $n' = 5$.
Aus den Angaben der Tabelle berechnet man

$$\bar{x}' = \frac{2+1+3+4+5}{5} = \frac{15}{5} = 3 ,$$

$$\bar{x}'' = \frac{6+4+7+8+10}{5} = \frac{35}{5} = 7 .$$

Für die beiden Punkte, die die Trendgerade bestimmen, ergeben sich die Koordinaten

$$(\frac{n'+1}{2}, \bar{x}') = (3,3) ,$$

$$(\frac{3n'+1}{2}, \bar{x}'') = (8,7) .$$

Die Gerade hat den Steigungskoeffizienten

$$\frac{7-3}{8-3} = \frac{4}{5} = 0,8$$

und geht durch den Punkt $(0; 3/5)$. Die Trendgerade nach dieser Methode hat also die Gleichung $x_t = a' + b't = 0,6 + 0,8\, t$.

b)   Arbeitstabelle

t	x_t	tx_t	t^2
1	2	2	1
2	1	2	4
3	3	9	9
4	4	16	16
5	5	25	25
6	6	36	36
7	4	28	49
8	7	56	64
9	8	72	81
10	10	100	100
Σ	55	50	346	385

Für die Koeffizienten der Trendgeraden $x_t = a + bt$ ergibt es sich nach der Methode der kleinsten Quadrate

$$b = \frac{n\Sigma tx_t - \Sigma t \Sigma x_t}{n\Sigma t^2 - (\Sigma t)^2}$$

$$= \frac{10 \cdot 346 - 55 \cdot 50}{10 \cdot 385 - 3025} \approx 0{,}86,$$

$$a = \frac{\Sigma x_t}{n} - b\frac{\Sigma t}{n}$$

$$= \frac{50}{10} - 0{,}8606 \cdot \frac{55}{10} \approx 0{,}26.$$

Die Trendgerade hat die Gleichung $x_t = 0{,}26 + 0{,}86t$. In diesem Zahlenbeispiel hat die Trendgerade nach der Methode der Reihenhälften einen höheren Achsenabschnitt als die Trendgerade nach der Methode der kleinsten Quadrate und verläuft flacher als diese.

<u>Aufgabe 17</u>
Die in der BRD getätigten Investitionsausgaben einer Firma in den Jahren 1958 - 1972 betrugen (in Mio DM):

Jahr	t	Investitionsausgaben (Mio DM)
1958	1	5,0
1959	2	5,5
1960	3	7,0
1961	4	6,5
1962	5	7,5
1963	6	9,0
1964	7	8,0
1965	8	8,5
1966	9	8,0
1967	10	9,5
1968	11	10,5
1969	12	10,5
1970	13	12,0
1971	14	11,5
1972	15	13,0

a) Zeichnen Sie das Zeitreihenpolygon!
b) Bestimmen Sie den Trend nach der Methode der kleinsten Quadrate!

Lösung

a)

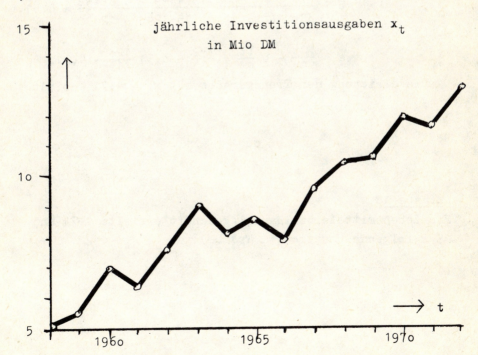

b) Arbeitstabelle

t	x_t	tx_t	t^2
1	5,0	5,0	1
2	5,5	11,0	4
3	7,0	21,0	9
4	6,5	26,0	16
5	7,5	37,5	25
6	9,0	54,0	36
7	8,0	56,0	49
8	8,5	68,0	64
9	8,0	72,0	81
1o	9,5	95,0	1oo
11	1o,5	115,5	121
12	1o,5	126,0	144
13	12,0	156,0	169
14	11,5	161,0	196
15	13,0	195,0	225
Σ	12o	132,0	1199,0	124o

Für die Koeffizienten der Trendgeraden $x_t = a+bt$ ergibt sich

$$b = \frac{n\Sigma tx_t - \Sigma t \Sigma x_t}{n\Sigma t^2 - (\Sigma t)^2} = \frac{15 \cdot 1199 - 12o \cdot 132}{15 \cdot 124o - 12o^2} \approx o,51,$$

$$a = \frac{\Sigma x_t}{n} - b\frac{\Sigma t}{n} = \frac{132}{15} - o,51 \frac{12o}{15} \approx 4,71.$$

Die Gleichung der Trendgeraden ist $x_t = 4,71 + o,51t$.

ooo

Aufgabe 18

Ein Lebensmitteleinzelhandelsgeschäft erzielte 1971 und 1972 folgende Umsätze (in Tsd DM)

Jahr	Monat	Umsatz
1971	Jan.	14
	Febr.	17
	März	18
	April	15
	Mai	16
	Juni	14
	Juli	13
	Aug.	14
	Sept.	16
	Okt.	17
	Nov.	18
	Dez.	20

Jahr	Monat	Umsatz
1972	Jan.	16
	Febr.	19
	März	19
	April	17
	Mai	17
	Juni	16
	Juli	15
	Aug.	16
	Sept.	18
	Okt.	21
	Nov.	20
	Dez.	22

Bestimmen Sie die glatte Komponente dieser Zeitreihe mittels gleitender 12-Monatsdurchschnitte und kommentieren Sie das Ergebnis!

<u>Lösung</u>

Nach der Formel

$$\bar{\bar{x}}_{7+t} = \frac{\frac{1}{2}x_{1+t} + x_{2+t} + \ldots + x_{12+t} + \frac{1}{2}x_{13+t}}{12} \quad t = 0,1,2,\ldots$$

ergeben sich für die glatte Komponente die Werte (Juli 1971 - Juni 1972)

$$\bar{\bar{x}}_{Juli} = \frac{7+17+\ldots+20+8}{12} = \frac{193}{12} \approx 16{,}08 \; ,$$

$$\bar{\bar{x}}_{Aug} = \frac{8{,}5+18+\ldots+16+9{,}5}{12} = \frac{195}{12} = 16{,}25 \; ,$$

$$\bar{\bar{x}}_{Sept} = \frac{9+15+\ldots+19+9{,}5}{12} = \frac{196{,}5}{12} \approx 16{,}37 \; ,$$

$$\bar{\bar{x}}_{Okt} = \frac{7{,}5+16+\ldots+19+8{,}5}{12} = \frac{198}{12} = 16{,}5 \; ,$$

$$\bar{\bar{x}}_{Nov} = \frac{8+14+\ldots+17+8{,}5}{12} = \frac{199{,}5}{12} \approx 16{,}62 \; ,$$

$$\bar{\bar{x}}_{Dez} = \frac{7+13+\ldots+17+8}{12} = \frac{201}{12} = 16{,}75 \; ,$$

$$\bar{\bar{x}}_{Jan} = \frac{6{,}5+14+\ldots+16+7{,}5}{12} = \frac{203}{12} \approx 16{,}91 \; ,$$

$$\bar{\bar{x}}_{Febr} = \frac{7+16+\ldots+15+8}{12} = \frac{205}{12} \approx 17{,}08 \; ,$$

$$\bar{\bar{x}}_{März} = \frac{8+17+\ldots+16+9}{12} = \frac{207}{12} = 17{,}25 \; ,$$

$$\bar{\bar{x}}_{April} = \frac{8{,}5+18+\ldots+18+10{,}5}{12} = \frac{210}{12} = 17{,}5 \; ,$$

$$\bar{\bar{x}}_{Mai} = \frac{9+20+\ldots+21+10}{12} = \frac{213}{12} = 17{,}75 \; ,$$

$$\bar{x}_{Juni} = \frac{10+16+\ldots+20+11}{12} = \frac{215}{12} \approx 17{,}91 \;.$$

Bei diesem Beispiel wird der Verkürzungseffekt dieses Verfahrens deutlich (aus den 24 Monatswerten der ursprünglichen Reihe ergeben sich nur 12 Monatswerte für die geglättete Reihe).

ooo

Abschnitt 6

AUFGABEN ÜBER INDEXZAHLEN

Bei den Indexzahlen stehen im Rahmen der Statistischen Methodenlehre deren formale Eigenschaften im Vordergrund. Indexzahlen beschreiben die relativen, d.h. auf eine Basiszeit (o) bezogenen zeitlichen Veränderungen von Gruppen von Preisen (p) oder Gütermengen (q). Für die Berichtszeit (k) sind die wichtigsten Preisindizes

$$\frac{\Sigma\, p_k q_o}{\Sigma\, p_o q_o} \text{ (Laspeyres)}, \quad \frac{\Sigma\, p_k q_k}{\Sigma\, p_o q_k} \text{ (Paasche)}, \quad \frac{\Sigma\, p_k q}{\Sigma\, p_o q} \text{ (Lowe)}.$$

Das Fehlen des Zeitindex bei q im Lowe-Index deutet an, daß hier die Gewichtung der Preise durch die Mengen unabhängig von Basis und Berichtzeit erfolgt. Die analogen Mengenindizes ergeben sich durch die Vertauschung von p und q, indem dann die Preise die Rolle von Gewichten für die Mengen übernehmen. Die Summation erstreckt sich über alle betrachteten Güterarten. Der Index von Fisher (Idealindex) ist als geometrisches Mittel der Indizes von Paasche und Laspeyres definiert. Formale Eigenschaften von Indizes werden durch das Genügen gewissen Proben beschrieben, z.B. der Rundprobe, die erfüllt ist, wenn für einen Index gilt $I_{12} \cdot I_{23} \cdot \ldots \cdot I_{n-1,n} = I_{1n}$ (die erste Ziffer beschreibt die Basiszeit, die zweite die Berichtszeit) oder der Faktorumkehrprobe, die erfüllt ist, wenn das Produkt eines Preisindex eines bestimmten Typs mit dem Mengenindex des gleichen Typs eine Umsatzmeßzahl ergibt. Von praktischer Bedeutung sind gewisse Indexoperationen. Bei der Indexverkettung wird ein Index mittels Multiplikation von sukzessiven Indizes zu einer festen Basis fortgeschrieben: $I_{o1} \cdot I_{12} \cdot \ldots \cdot I_{k-1,k} = I_{ok}$.
Bei der Umbasierung wird aus einem Index mit der Basis

k ein Index zur Basis m gewonnen:

$$I^*_{mi} = \frac{I_{ki}}{I_{km}}.$$

Bei der Verknüpfung wird mittels zwei aufeinanderfolgenden, sich überlappenden Indexreihen eine durchlaufende Indexreihe (z.B. bei Anschluß der ersten Reihe an die zweite) gebildet,

$$\ldots I'_{ki-2},\ I'_{ki-1},\ I'_{ki}$$
$$I''_{mi},\ I''_{mi+1},\ I''_{mi+2}\ldots$$
$$\ldots I_{mi-2},\ I_{mi-1},\ I_{mi},\ I_{mi+1},\ I_{mi+2}\ldots$$

mit

$$I_{mj} = I'_{kj}\frac{I''_{mi}}{I'_{ki}}\ \text{für}\ j < i,\ I_{mj} = I''_{mj}\ \text{für}\ j \geq i\ .$$

<u>Bemerkung:</u> Die hier angegebenen Indexdefinitionen entsprechen einer Normierung auf 1, d.h. es ist stets $I_{kk} = 1$. Die in der Praxis angegebenen Indexzahlen entsprechen einer Normierung auf 1oo, d.h. $I'_{kk} = 1oo$. Man kann die eine Indexart in die andere durch Multiplikation mit 1oo überführen. Die hier angegebenen Indexoperationen sind nur für auf 1 normierte Indizes definiert. In den Aufgaben sind stets solche Indizes gemeint.

Aufgabe 19

Für 3 Güter sind in den Jahren 1960 - 1963 folgende Preise und Mengen beobachtet worden:

	1960		1961		1962		1963	
	Preis	Menge	Preis	Menge	Preis	Menge	Preis	Menge
Gut 1	10	2	11	2	12	4	13	5
Gut 2	9	5	9	6	10	7	10	8
Gut 3	5	3	7	4	8	5	8	6

a) Berechnen Sie Preisindizes von Laspeyres für 1961, 1962 und 1963 zur Basis 1960!

b) Berechnen Sie Mengenindizes von Paasche für 1961, 1962 und 1963 zur Basis 1960!

c) Berechnen Sie Preisindizes von Lowe für 1961, 1962 und 1963 zur Basis 1960 und zeigen Sie mit den Zahlen dieser Aufgabe, daß die Verkettung beim Index von Lowe korrekt ist!

d) Berechnen Sie den Preisindex von Fisher (Idealindex) für 1962 zur Basis 1960 und zeigen Sie mit den Zahlen dieser Aufgabe, daß der Idealindex der Faktorumkehrprobe genügt!

e) Berechnen Sie Preisindizes von Laspeyres für 1960, 1961, 1962 und 1963 zur Basis 1962 durch Umbasierung der Lösung aus a!

Lösung

Bei der Lösung werden die folgenden Zeitindizes verwendet:

Zeitindex 0: 1960
" 1: 1961
" 2: 1962
" 3: 1963.

Arbeitstabelle

Gut	$p_0 q_0$	$p_1 q_0$	$p_2 q_0$	$p_3 q_0$	$p_1 q_1$	$p_2 q_2$	$p_3 q_3$
1	20	22	24	26	22	48	65
2	45	45	50	50	54	70	80
3	15	21	24	24	28	40	48
	80	88	98	100	104	158	193

Der Preisindex von Laspeyres für die Berichtszeit k zur Basiszeit o ist

$$P_{L_{ok}} = \frac{\Sigma p_k q_o}{\Sigma p_o q_o} \quad .$$

Mit den Zahlen der obigen Tabelle ist

$$P_{L_{o1}} = \frac{\Sigma p_1 q_o}{\Sigma p_o q_o} = \frac{88}{80} = 1,10 \quad ,$$

$$P_{L_{o2}} = \frac{\Sigma p_2 q_o}{\Sigma p_o q_o} = \frac{98}{80} \approx 1,22 \quad ,$$

$$P_{L_{o3}} = \frac{\Sigma p_3 q_o}{\Sigma p_o q_o} = \frac{100}{80} = 1,25 \quad .$$

Der Mengenindex von Paasche für die Berichtszeit k zur Basiszeit o ist

$$Q_{P_{ok}} = \frac{\Sigma q_k p_k}{\Sigma q_o p_k} \quad .$$

Mit den Zahlen der obigen Tabelle ist

$$Q_{P_{o1}} = \frac{\Sigma q_1 p_1}{\Sigma q_o p_1} = \frac{104}{88} \approx 1,18 \quad ,$$

$$Q_{P_{o2}} = \frac{\Sigma q_2 p_2}{\Sigma q_o p_2} = \frac{158}{98} \approx 1,61 \quad ,$$

$$Q_{P_{o3}} = \frac{\Sigma q_3 p_3}{\Sigma q_o p_3} = \frac{193}{100} = 1,93 \quad .$$

c) Arbeitstabelle

Gut	q	$p_o q$	$p_1 q$	$p_2 q$	$p_3 q$
1	(2+2+4+5)/4=13/4	130/4	143/4	156/4	169/4
2	(5+6+7+8)/4=26/4	234/4	234/4	260/4	260/4
3	(3+4+5+6)/4=18/4	90/4	126/4	144/4	144/4
Σ		454/4	503/4	560/4	573/4

Der Preisindex von Lowe für die Berichtszeit k und zur Basiszeit o ist

$$P_{Lo_{ok}} = \frac{\Sigma p_k q}{\Sigma p_o q}$$

Mit den Zahlen der obigen Tabelle, bei denen als Gewichte die jeweiligen zeitlichen Mittel der Mengen verwendet wurden, ist

$$P_{Lo_{01}} = \frac{\Sigma p_1 q}{\Sigma p_0 q} = \frac{503}{454} \approx 1,11 \;,$$

$$P_{Lo_{02}} = \frac{\Sigma p_2 q}{\Sigma p_0 q} = \frac{560}{454} \approx 1,23 \;,$$

$$P_{Lo_{03}} = \frac{\Sigma p_3 q}{\Sigma p_0 q} = \frac{573}{454} \approx 1,26 \;,$$

$$P_{Lo_{12}} = \frac{\Sigma p_2 q}{\Sigma p_1 q} = \frac{560}{503} \approx 1,11 \;,$$

$$P_{Lo_{23}} = \frac{\Sigma p_3 q}{\Sigma p_0 q} = \frac{573}{560} = 1,01 \;.$$

Für den Index von Lowe ergibt sich

$$P_{Lo_{01}} \cdot P_{Lo_{12}} \cdot P_{Lo_{23}} = \frac{503}{454} \cdot \frac{560}{503} \cdot \frac{573}{560} = \frac{573}{454} = P_{Lo_{03}},$$

d.h. er genügt der Rundprobe und gestattet deshalb eine korrekte Verkettung.

d) Der Preisindex von Fisher für die Berichtszeit 2 und zur Basiszeit o ist

$$P_{F_{o2}} = \sqrt{\frac{\Sigma p_2 q_o}{\Sigma p_o q_o} \cdot \frac{\Sigma p_2 q_2}{\Sigma p_o q_2}} = \sqrt{\frac{98 \cdot 158}{80 \cdot 128}} \approx 1,23 \;.$$

Der Mengenindex von Fisher für die Berichtszeit 2 und zur Basiszeit o ist

$$Q_{F_{o2}} = \sqrt{\frac{\Sigma q_2 p_o}{\Sigma q_o p_o} \cdot \frac{\Sigma q_2 p_2}{\Sigma q_o p_2}} = \sqrt{\frac{128 \cdot 158}{80 \cdot 98}} \approx 1,60 \;.$$

Die Umsatzmeßzahl für die Berichtszeit k zur Basiszeit o ist

$$\frac{\Sigma p_2 q_2}{\Sigma p_o q_o} = \frac{158}{80} = \sqrt{\frac{98 \cdot 158}{80 \cdot 128}} \cdot \sqrt{\frac{128 \cdot 158}{80 \cdot 98}} = P_{F_{o2}} \cdot Q_{F_{o2}},$$

d.h. der Idealindex genügt der Faktorumkehrprobe.

e) Der umbasierte Index ist definiert durch

$$P'_{L_{2k}} = \frac{P_{L_{ok}}}{P_{L_{o2}}}, \quad k = 0,1,2,3.$$

Aus den Ergebnissen aus a ergibt sich hierfür

$$P'_{L_{20}} = \frac{1,00}{1,22} \approx 0,81,$$

$$P'_{L_{21}} = \frac{1,10}{1,22} \approx 0,89,$$

$$P'_{L_{22}} = \frac{1,22}{1,22} = 1,00,$$

$$P'_{L_{23}} = \frac{1,25}{1,22} \approx 1,02.$$

ooo

Aufgabe 20

Für einen Warenhauskonzern wurden für die Jahre 1960 - 1963 folgende Umsatzmeßzahlen und Preisindizes zur Basis 1960 errechnet:

Jahr	Umsatz-meßzahl	Preisindex
1960	1,00	1,00
1961	1,05	1,02
1962	1,18	1,09
1963	1,32	1,15

Die Preisindizes wurden nach der Formel von Laspeyres berechnet. Welchen Typ von Mengenindex können Sie aufgrund dieser Information korrekt berechnen? Führen Sie diese Berechnungen durch!

Lösung
Allgemein gilt

$$P_{L_{ok}} \cdot Q_{P_{ok}} = \frac{\Sigma p_k q_o}{\Sigma p_o q_o} \cdot \frac{\Sigma q_k p_k}{\Sigma q_o p_k} = \frac{\Sigma p_k q_k}{\Sigma p_o q_o}.$$

Die Mengenindizes vom Typ Paasche ergeben sich also durch Division der Umsatzmeßzahlen durch die Preisindizes vom Typ Laspeyres.

$$Q_{P_{1960}} = \frac{1,00}{1,00} = 1,00 \ ,$$

$$Q_{P_{1961}} = \frac{1,05}{1,02} \approx 1,03 \ ,$$

$$Q_{P_{1962}} = \frac{1,18}{1,09} \approx 1,08 \ ,$$

$$Q_{P_{1963}} = \frac{1,32}{1,15} \approx 1,15 \ .$$

ooo

Aufgabe 21

Gegeben sind 2 Reihen von Indexzahlen:

Jahr	1960	1961	1962	1963	1964	1965
I.	1,05	1,11	1,18			
II.			0,95	1,00	1,07	1,15

Verknüpfen Sie diese beiden Reihen, indem Sie
a) die Reihe I an die Reihe II und
b) die Reihe II an die Reihe I anschließen!

Lösung

a) Soll die Reihe I an die Reihe II angeschlossen werden, so sind die Glieder der Reihe I mit dem Faktor 0,95/1,18 zu multiplizieren.

Jahr	Indexzahl
1960	1,05·0,95/1,18 ≈ 0,84
1961	1,11·0,95/1,18 ≈ 0,89
1962	0,95
1963	1,00
1964	1,07
1965	1,15

Die Glieder der Reihe II bleiben unverändert.

b) Analog zu a) erhält man, wenn man die Reihe II an die Reihe I anschließt (Faktor 1,18/0,95):

Jahr	Indexzahl
1960	1,05
1961	1,11
1962	1,18
1963	1,00·1,18/0,95 ≈ 1,24
1964	1,07·1,18/0,95 ≈ 1,32
1965	1,15·1,18/0,95 ≈ 1,42

Die Glieder der Reihe I bleiben unverändert.

ooo

Teil II

AUFGABEN ZUR WAHRSCHEINLICHKEITSRECHNUNG

Abschnitt 7

AUFGABEN ÜBER DIE KLASSISCHE UND DIE AXIOMATISCHE DEFINITION DER WAHRSCHEINLICHKEIT

Die klassische Definition der Wahrscheinlichkeit geht von einem Zufallsvorgang mit endlich vielen "gleichmöglichen" Ausgängen aus. Ein Ereignis wird durch eine Menge solcher gleichmöglicher Ausgänge definiert, das dann realisiert wird, wenn einer dieser Ausgänge eintritt. Ist n_g die Anzahl der ein bestimmtes Ereignis realisierenden (günstigen) Ausgänge, n_u die Anzahl der dieses Ereignis nicht realisierenden (ungünstigen) Ausgänge, so ist die Zahl

$$\frac{n_g}{n_u+n_g}$$

die Wahrscheinlichkeit dieses Ereignisses. In geeigneten Anwendungsfällen (z.B. beim Werfen mit sorgfältig gearbeiteten Würfeln) hat sich diese Wahrscheinlichkeitsdefinition ausgezeichnet bewährt, obgleich sie einen logischen Zirkel enthält ("gleichmöglich" als Basis der Definition von Wahrscheinlichkeit). Diese Definition umfaßt drei Begriffe: die Menge der Elementarereignisse Ω (d.h. die Menge aller möglichen Ausgänge), die Menge der Ereignisse $\mathfrak{S}$, die einen Ring bilden (d.h. also die Menge der Mengen von Ausgängen, die jeweils ein bestimmtes Ereignis realisieren) und die Wahrscheinlichkeitsfunktion W, die positiv, additiv und normiert ist,

$$\frac{n_g}{n_g+n_u} \; .$$

Man faßt diese drei Begriffe zu dem Begriff eines Wahrscheinlichkeitsfeldes $(\Omega,\mathfrak{S},W)$ zusammen. Durch die Axiomatisierung des Wahrscheinlichkeitsbegriffes wurde die logische Unzulänglichkeit der klassischen Wahrscheinlichkeitsdefinition überwunden, der Anwendungsbereich der

Wahrscheinlichkeitsrechnung erweitert und die Basis für die Errichtung des umfangreichen Lehrgebäudes der mathematischen Statistik gelegt. Die axiomatische Definition entspricht formal der klassischen Definition. An die Stelle der speziellen Mengenereignisse (Menge der günstigen Ausgänge) und der speziellen Mengenfunktion

$$\frac{n_g}{n_g+n_u}$$

treten allgemeine Mengenereignisse und eine allgemeine Mengenfunktion, für die die gleichen formalen Eigenschaften gefordert werden (Ringeigenschaft der Menge der Ereignisse, Positivität, Additivität und Normierung der Mengenfunktion). Dieses einfach zu beschreibende Programm bedarf zu seiner Ausführung allerdings mächtiger mathematischer Hilfsmittel aus dem Bereich der Mengentheorie und der Maßtheorie.

Aufgabe 22

Ein Student spielt zugleich in drei verschiedenen Lotterien. In der ersten Lotterie entfallen 1000 Gewinne auf 2000 Lose, in der zweiten 500 auf 2000 und in der dritten 1000 auf 4000. Der Student nimmt bei jeder Lotterie genau ein Los. Wie groß ist die Wahrscheinlichkeit dafür, daß er

a) in allen drei Lotterien,
b) in genau zwei Lotterien,
c) in genau einer Lotterie gewinnt und
d) in allen drei Lotterien verliert?

Gibt es für den Studenten außer der Fälle a, b, c und d eine weitere Möglichkeit mit einer positiven Gewinnchance?

Lösung
Arbeitstabelle:

Lotterie	W(Gewinn)	W(Verlust)
I	1/2	1/2
II	1/4	3/4
III	1/4	3/4

W_a = W(Gewinn in allen drei Lotterien) = $\frac{1}{2} \cdot \frac{1}{4} \cdot \frac{1}{4} = \frac{1}{32}$,

W_b = W(Gewinn in genau zwei Lotterien) = $\frac{1}{2} \cdot \frac{1}{4} \cdot \frac{3}{4} +$
$+ \frac{1}{4} \cdot \frac{1}{4} \cdot \frac{1}{2} +$
$+ \frac{1}{2} \cdot \frac{1}{4} \cdot \frac{3}{4} = \frac{7}{32}$,

W_c = W(Gewinn in genau einer Lotterie) = $\frac{1}{2} \cdot \frac{3}{4} \cdot \frac{3}{4} +$
$+ \frac{1}{4} \cdot \frac{1}{2} \cdot \frac{3}{4} +$
$+ \frac{1}{4} \cdot \frac{3}{4} \cdot \frac{1}{2} = \frac{15}{32}$,

W_d = W(Verlust in allen drei Lotterien) = $\frac{1}{2} \cdot \frac{3}{4} \cdot \frac{3}{4} = \frac{9}{32}$.

Da sich die Fälle a, b, c, d ausschließen und $W_a + W_b + W_c + W_d = \frac{1}{32} + \frac{7}{32} + \frac{15}{32} + \frac{9}{32} = 1$ ist, gibt es keine weitere Möglichkeit mit einer positiven Wahrscheinlichkeit.

ooo

Aufgabe 23
Bei einer Klausur werden drei Fragen gestellt und zu jeder Frage drei Antworten vorgeschlagen, von denen jeweils eine richtig ist. Es ist für jede Frage eine Antwort anzukreuzen.
a) Geben Sie eine Wahrscheinlichkeitsdefinition vom "keine Kenntnis von der Materie haben" an!
b) Wie groß sind für jemand, der keine Kenntnis von der Materie hat, die Wahrscheinlichkeiten für drei richtige Lösungen, für genau zwei richtige Lösungen, für genau eine richtige Lösung, für keine richtige Lösung?

Lösung
a) Sei a_{ik} (i,k=1,2,3) das Ereignis, für die ite Frage die k-te Antwort anzukreuzen, dann läßt sich "keine Kenntnis von der Materie haben" durch $W(a_{ik}) = 1/3$, i,k = 1,2,3 und durch die Unabhängigkeit der drei jeweiligen Ereignisse a_{1i}, a_{2j}, a_{3k}, (i,j,k = 1,2,3) definieren.
b) Aufgrund dieser Definition ergibt sich für die gesuchten Wahrscheinlichkeiten:
$W(\text{drei richtig}) = \frac{1}{3} \cdot \frac{1}{3} \cdot \frac{1}{3} = \frac{1}{27}$
$W(\text{genau zwei richtig}) = 3 \cdot \frac{1}{3} \cdot \frac{1}{3} \cdot \frac{2}{3} = \frac{6}{27}$
$W(\text{genau eine richtig}) = 3 \cdot \frac{1}{3} \cdot \frac{2}{3} \cdot \frac{2}{3} = \frac{12}{27}$
$W(\text{keine richtig}) = \frac{2}{3} \cdot \frac{2}{3} \cdot \frac{2}{3} = \frac{8}{27}$

ooo

Aufgabe 24
Wie groß ist die Wahrscheinlichkeit, beim Zahlenlotto alle sechs Gewinnzahlen richtig getippt zu haben?

Lösung

Beim Zahlenlotto werden 6 Kugeln aus 49 zufällig ausgewählt. Da eine Kugel nur einmal in der Kombination auftreten kann, gibt es insgesamt $\binom{49}{6}$ Möglichkeiten (Kombination ohne Wiederholung). Die gesuchte Wahrscheinlichkeit ist daher:

$$\frac{1}{\binom{49}{6}} = \frac{1 \cdot 2 \cdot 3 \cdot 4 \cdot 5 \cdot 6}{49 \cdot 48 \cdot 47 \cdot 46 \cdot 45 \cdot 44}$$

$$= \frac{1}{13983816}$$

$$\approx 0{,}00000007 \;.$$

ooo

Aufgabe 25

Konstruieren Sie zu der Menge der Elementarereignisse $\Omega = \{a,b,c,d,e\}$ ein Wahrscheinlichkeitsfeld, dessen Ereignisring der kleinste ist, der die beiden Ereignisse $A = \{a,b\}$ und $B = \{c,d,e\}$ enthält!

Lösung

Der kleinste Ereignisring mit den Ereignissen A und B ist $\mathfrak{S} = \{\emptyset, A, B, \Omega\}$, weil keine Ringoperation (Vereinigung, Komplement bezüglich Ω) weitere Elemente ergibt:

Zeile ∪ Spalte	∅	A	B	Ω
∅	∅	A	B	Ω
A	A	A	Ω	Ω
B	B	Ω	B	Ω
Ω	Ω	Ω	Ω	Ω

Element	Komplement
∅	Ω
A	B
B	A
Ω	∅

Das durch $W(\emptyset) = 0$, $W(A) = 0{,}2$, $W(B) = 0{,}8$, $W(\Omega) = 1$ definierte Wahrscheinlichkeitsfunktional genügt den Wahrscheinlichkeitsaxiomen:

$W(\emptyset), W(A), W(B), W(\Omega) \geq 0,$
$W(\emptyset \cup A) = W(\emptyset) + W(A),$
$W(\emptyset \cup B) = W(\emptyset) + W(B),$
$W(\emptyset \cup \Omega) = W(\emptyset) + W(\Omega),$
$W(A \cup B) = W(A) + W(B).$
Allgemein gilt für das Wahrscheinlichkeitsfunktional
$W(\emptyset) = 0, W(A) = \alpha, W(B) = 1-\alpha, W(\Omega) = 1$ mit $0 \leq \alpha \leq 1.$

ooo

Aufgabe 26
Ω sei die Menge der möglichen Ergebnisse beim Würfeln mit einem fairen Würfel. $\mathfrak{S}$ sei die Menge aller Teilmengen von Ω. Geben Sie das Wahrscheinlichkeitsfunktional auf $\mathfrak{S}$ an!

Lösung
Das Wahrscheinlichkeitsfunktional auf $\mathfrak{S}$ ist gegeben durch
$W(\emptyset) = 0,$
$W(\{i\}) = \frac{1}{6},$
$i = 1,2,3,4,5,6,$
$W(\{i,j\})_{i \neq j} = \frac{2}{6},$
$i,j = 1,2,3,4,5,6,$
$W(\{i,j,k\})_{i \neq j \neq k} = \frac{3}{6},$
$i,j,k = 1,2,3,4,5,6,$
$W(\{i,j,k,l\})_{i \neq j \neq k \neq l} = \frac{4}{6},$
$i,j,k,l = 1,2,3,4,5,6,$
$W(\{i,j,k,l,m\})_{i \neq j \neq k \neq l \neq m} = \frac{5}{6},$
$i,j,k,l,m = 1,2,3,4,5,6,$
$W(\Omega) = 1.$

ooo

Abschnitt 8

AUFGABEN ÜBER UNABHÄNGIGE EREIGNISSE, BEDINGTE WAHRSCHEIN-
LICHKEITEN, DIE FORMEL VON BAYES

Zwei Ereignisse E_1 und E_2 heißen unabhängig, wenn
$W(E_1 \cap E_2) = W(E_1)W(E_2)$ gilt. Die in diesem Falle einfache Formulierbarkeit der gemeinsamen Wahrscheinlichkeit als Produkt zweier Randwahrscheinlichkeiten ermög-
licht eine Fülle theoretischer und praktischer Anwen-
dungen. Bei mehr als zwei Ereignissen ist zwischen Unabhängigkeit (en bloc) und der paarweisen Unabhängigkeit zu unterscheiden. Ereignisse $E_1, E_2, \ldots, E_n$ heißen
(en bloc) unabhängig, wenn für je k beliebig herausgegriffene dieser Ereignisse ($k = 2, 3, \ldots, n$)

$$W(E_{i_1} \cap E_{i_2} \cap \ldots \cap E_{i_k}) = W(E_{i_1})W(E_{i_2})\ldots W(E_{i_k})$$

gilt. Ereignisse $E_1, E_2, \ldots, E_n$ heißen paarweise unabhängig, wenn je 2 beliebig herausgegriffene Ereignisse
unabhängig sind. Der erste Begriff umfaßt den zweiten,
nicht aber umgekehrt, d.h. es gibt Mengen von Ereignissen, die zwar paarweise unabhängig, aber nicht (en
bloc) unabhängig sind.

<u>Bemerkung</u>: Bei Studierenden ist häufig die Konfusion
der Aussagen "A und B sind disjunkt." und "A und B sind
unabhängig." anzutreffen. Diese beiden Begriffe beziehen sich auf völlig verschiedene Fragestellungen. Die
erste Aussage bezeichnet eine besondere Eigenschaft des
Ereignisringes $\mathfrak{S}$ nämlich $A \cap B = \emptyset$, die zweite eine besondere Eigenschaft des Wahrscheinlichkeitsfunktionals W
nämlich $W(A \cap B) = W(A)W(B)$.

Die Wahrscheinlichkeit für das Ereignis A unter der Vor-

aussetzung, daß das Ereignis B eingetreten ist, d.h.
die durch B bedingte Wahrscheinlichkeit von A ist durch

$$W(A|B) = \frac{W(A \cap B)}{W(B)}$$

definiert. Wird B als eine Ursache und A als eine Wirkung angesehen, so bezeichnet man W(B) als a priori-Wahrscheinlichkeit und W(A|B) als a posteriori-Wahrscheinlichkeit. Das Produkt beider Wahrscheinlichkeiten ergibt die gemeinsame Wahrscheinlichkeit gemäß der Formel W(A∩B) = W(A|B)W(B). Sei $\{B_j\}$ eine Zerlegung von Ω in Ereignisse, dann gilt die folgende Regel von der totalen Wahrscheinlichkeit:

$$W(A) = \sum_j W(A|B_j) W(B_j).$$

Die Bayes'sche Formel drückt die a posteriori Wahrscheinlichkeiten des einen Typs durch die posteriori Wahrscheinlichkeiten des anderen Typs aus:

$$W(B_j|A) = \frac{W(A|B_j)W(B_j)}{\sum_j W(A|B_j)W(B_j)} \quad .$$

Aufgabe 27

Es werde ein fairer Würfel geworfen. A sei das Ereignis "Die geworfene Augenzahl ist 1 oder 2.". B sei das Ereignis "Die geworfene Augenzahl ist größer als zwei.". C sei das Ereignis "Die geworfene Augenzahl ist gerade.". Wie sind die Abhängigkeitsverhältnisse von A, B, C?

Lösung

Es ist A=$\{1,2\}$, B=$\{3,4,5,6\}$, C=$\{2,4,6\}$, A∩B = $\emptyset$, A∩C = $\{2\}$, B∩C = $\{4,6\}$, A∩B∩C = $\emptyset$ mit W(A) = 1/3, W(B) = 2/3, W(C) = 1/2, W(A∩B) = o, W(A∩C) = 1/6, W(B∩C) = 1/3, W(A∩B∩C) = o. Wegen W(A)W(B)W(C) $\neq$ W(A∩B∩C) sind die Ereignisse A,B,C nicht (en bloc) unabhängig und wegen (z.B.) W(A)W(B) $\neq$ W(A∩B) auch nicht paarweise unabhängig. Dagegen sind wegen W(A)W(C) = W(A∩C) die Ereignisse A und C unabhängig.

ooo

Aufgabe 28

Wir betrachten das Wahrscheinlichkeitsfeld für einen Wurf mit einem fairen Würfel.
a) Geben Sie zwei unabhängige Ereignisse an!
b) Geben Sie zwei nicht unabhängige Ereignisse an!

Lösung

a) Die Ereignisse A = $\{1,2,3\}$ und B = $\{2,4\}$ mit A ∩ B = $\{2\}$ sind wegen W(A)W(B) = 1/2 · 1/3 = 1/6 = W(A ∩ B) unabhängig.
b) Die Ereignisse A' = $\{1,2,4\}$ und B' = $\{2,4,6\}$ mit A' ∩ B' = $\{2,4\}$ sind wegen W(A')W(B') = 1/2 · 1/2 = 1/4 $\neq$ 1/3 = W(A' ∩ B') nicht unabhängig.

ooo

Aufgabe 29

Die 15 Kugeln in einer Urne sind entweder rot (R) oder grün (G) und alternativ mit den Buchstaben A oder B markiert. 10 Kugeln sind rot, von denen vier den Buchstaben A tragen. Unter den grünen Kugeln tragen vier den Buchstaben B. Es wird eine Kugel mit dem Buchstaben A gezogen. Wie groß ist die Wahrscheinlichkeit, daß diese Kugel rot ist?

Lösung

Gesucht ist $W(R|A)$. Nach der Bayesschen Formel ist

$$W(R|A) = \frac{W(A|R)W(R)}{W(A|R)W(R)+W(A|G)W(G)} .$$

Es ist $W(A|R) = 2/5$, $W(A|G) = 1/5$, $W(R) = 2/3$, $W(G) = 1/3$, woraus sich ergibt

$$W(R|A) = \frac{2/5 \cdot 2/3}{2/5 \cdot 2/3 + 1/5 \cdot 1/3}$$

$$= \frac{4}{4+1} = 0{,}8.$$

ooo

Aufgabe 30

Drei Arbeiter produzieren Werkstücke, wobei auf den ersten Arbeiter 30 % des Ausstoßes kommen, auf den zweiten 20 % und auf den dritten 50 %. Die Wahrscheinlichkeit dafür, daß ein produziertes Stück fehlerhaft ist, beträgt für den ersten Arbeiter 0,10, für den zweiten 0,05 und für den dritten 0,15. Wie groß ist die Wahrscheinlichkeit, daß ein zufällig herausgegriffenes Werkstück, von dem man weiß, daß es fehlerhaft ist, vom zweiten Arbeiter produziert wurde?

Lösung

Bezeichnen A, B, C die Ereignisse, daß ein zufällig heraus

gegriffenes Werkstück vom ersten bzw. vom zweiten bzw. vom dritten Arbeiter produziert wurde und bezeichnet F das Ereignis, daß dieses Werkstück fehlerhaft ist, dann ist $W(B|F)$ gesucht. Nach der Formel von Bayes ergibt sich hierfür

$$\frac{W(F|B)W(B)}{W(F|A)W(A)+W(F|B)W(B)+W(F|C)W(C)}$$

Es ist $W(F|A) = 0,10$, $W(F|B) = 0,05$, $W(F|C) = 0,15$. Aus der angenommenen Zufälligkeit der Auswahl folgt $W(A) = 0,30$, $W(B) = 0,20$, $W(C) = 0,50$. Mit diesen Angaben ergibt sich für die gesuchte Wahrscheinlichkeit

$$W(B|F) = \frac{0,05 \cdot 0,20}{0,30 \cdot 0,10 + 0,20 \cdot 0,05 + 0,50 \cdot 0,15}$$

$$= \frac{0,0100}{0,1150} \approx 0,087$$

ooo

Aufgabe 31

Karl liebt den Alkohol. Die Wahrscheinlichkeit, daß er nach Büroschluß trinkt, ist 0,8. Karl ist vergeßlich. Die Wahrscheinlichkeit, daß er seinen Schirm stehen läßt, ist 0,7 und daß er dieses tut, wenn getrunken hat, ist sogar 0,8. Karl kommt ohne Schirm nach Hause. Wie groß ist die Wahrscheinlichkeit, daß er dieses Mal nicht getrunken hat?

Lösung

Wir bezeichnen die Ereignisse 'Trinken', 'Nicht-Trinken', 'Schirm vergessen' der Reihe nach mit B, $\overline{B}$, A. Dann ist $W(B) = 0,8$, $W(A) = 0,7$, $W(A|B) = 0,8$. Gesucht ist

$$W(\overline{B}|A) = \frac{W(A|\overline{B})W(\overline{B})}{W(A)}$$

Es ist $W(\overline{B}) = 1 - W(B) = 1 - 0,8 = 0,2$. Aus $W(A) = W(A|B)W(B)+W(A|\overline{B})W(\overline{B})$ ergibt sich

$$W(A|\bar{B}) = \frac{W(A)-W(A|B)W(B)}{W(\bar{B})}$$

und daraus

$$W(\bar{B}|A) = \frac{W(A)-W(A|B)W(B)}{W(A)}$$

$$= \frac{0,7-0,8\cdot 0,8}{0,7} \approx 0,086 \ .$$

ooo

Abschnitt 9

AUFGABEN ÜBER ZUFALLSVARIABLE, DISKRETE UND KONTINUIERLICHE VERTEILUNGEN

Auf der Grundlage eines Wahrscheinlichkeitsfeldes $(\Omega, \mathfrak{S}, W)$ ist eine Zufallsvariable durch die Abbildung $X : \Omega \rightarrow \mathfrak{R}$ dann definiert, wenn für jede reelle Zahl y für die Menge der Elementarereignisse $\{\omega | X(\omega) \leq y\} \in \mathfrak{S}$ gilt, d.h. ein Ereignis ist und damit eine Wahrscheinlichkeit $W(\{\omega | X(\omega) \leq y\}) = F(y)$ besitzt. $F(y)$ heißt Verteilungsfunktion. Durch sie ist eine Zufallsvariable eindeutig beschrieben. $F(y)$ bezeichnet die Wahrscheinlichkeit dafür, daß $X \leq y$ ist. Bei den Anwendungen geht man zumeist von dieser direkten Definition einer Zufallsvariablen durch F aus. Aus dem Wahrscheinlichkeitscharakter der Verteilungsfunktion ergeben sich die folgenden formalen Eigenschaften:

(1) F ist monoton nicht fallend,
(2) F ist rechtsseitig stetig und linksseitig konvergent,
(3) $\lim_{y \to -\infty} F(y) = 0$,
(4) $\lim_{y \to \infty} F(y) = 1$.

Die Ausdrücke Zufallsvariable, Verteilung einer Zufallsvariablen, Verteilung werden synonym gebraucht. Hier werden nur die beiden wichtigen Gruppen der diskreten und kontinuierlichen Zufallsvariablen berücksichtigt. Eine diskrete Zufallsvariable hat eine Treppenfunktion als Verteilungsfunktion. Die Sprungstellen

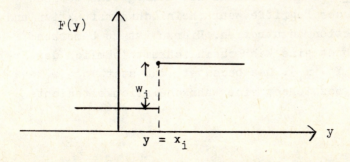

liegen an den Stellen x_i, die durch die Zufallsvariable realisiert werden können. Die Sprunghöhe ist gleich der Wahrscheinlichkeit $w_i = W(X=x_i)$. Die w_i heißen die Wahrscheinlichkeitsfunktion einer diskreten Zufallsvariablen. Wichtige diskrete Verteilungen sind die Binomialverteilung $B(n;p)$ mit

$$w_i = \binom{n}{i} p^i (1-p)^{n-i}, \quad i = o,\ldots,n, \; o<p<1$$

und die Poissonverteilung $P(\lambda)$ mit

$$w_i = \frac{\lambda^i}{i!} e^{-\lambda}, \; i = o,1,2,\ldots, \; \lambda > o.$$

Bei einer kontinuierlichen Verteilung läßt sich die Verteilungsfunktion als uneigentliches Integral

$$F(y) = \int_{-\infty}^{y} f(\eta) d\eta$$

darstellen. $f(y)$ heißt Dichte oder Dichtefunktion der Zufallsvariablen. Wichtige stetige Verteilungen sind: die Rechteckverteilung mit $f(y) = o$ für $y \notin [a,b]$, $f(y) = \frac{1}{b-a}$ für $y \in [a,b]$, $a<b$ und die Normalverteilung mit

$$f(y) = \frac{1}{\sigma\sqrt{2\pi}} e^{-\frac{1}{2}\left(\frac{y-\mu}{\sigma}\right)^2}.$$

Der Spezialfall

$$f(y) = \frac{1}{\sqrt{2\pi}} e^{-\frac{1}{2} y^2}$$

heißt standardisierte Normalverteilung.

<u>Bemerkung:</u> Bei Studierenden ist häufig eine gewisse Konfusion der Begriffe Wahrscheinlichkeitsfunktion und Dichtefunktion anzutreffen. Hierzu ist zu bemerken: w_i bezeichnet eine Wahrscheinlichkeit (nämlich des Ereignisses $X = x_i$). Das bedeutet, daß stets $o \leq w_i \leq 1$ ist. $f(y)$ bezeichnet eine Wahrscheinlichkeitsdichte.

Diese ist keine Wahrscheinlichkeit. So kann $f(y)$ ggf. größer als 1 sein. Hingegen bedeutet

$$\int_a^b f(\eta)d\eta$$

die Wahrscheinlichkeit des Ereignisses $X \in [a;b]$. Es gilt daher stets

$$0 \le \int_a^b f(\eta)d\eta \le 1.$$

Analog läßt sich der Begriff der gemeinsamen Verteilung zweier Zufallsvariablen durch eine Verteilungsfunktion mit zwei Variablen definieren: $W(X_1 \le y_1, X_2 \le y_2) = F(y_1,y_2)$. Im diskreten Fall ergibt sich eine gemeinsame Wahrscheinlichkeitsfunktion $w_{ij} = W(X_1 = x_{1i}, X_2 = x_{2j})$, im kontinuierlichen Fall eine gemeinsame Dichte $f(y_1,y_2)$ mit

$$F(y_1,y_2) = \int_{-\infty}^{y_1}\int_{-\infty}^{y_2} f(\eta_1,\eta_2)d\eta_1 d\eta_2.$$

Die aus einer gemeinsamen Verteilung gewonnene Verteilung einer Zufallsvariablen heißt deren Randverteilung. Für den diskreten Fall ergeben sich die beiden Randwahrscheinlichkeiten

$$w_{i*} = W(X_1 = x_{1i}) = \sum_j w_{ij}, \quad w_{*j} = W(X_2 = x_{2j}) = \sum_i w_{ij},$$

für den kontinuierlichen Fall die beiden Randdichten

$$f_1(y_1) = \int_{-\infty}^{\infty} f(y_1,\eta_2)d\eta_2, \quad f_2(y_2) = \int_{-\infty}^{\infty} f(\eta_1,y_2)d\eta_1.$$

Aufgabe 32

Durch das Wahrscheinlichkeitsfeld $(\Omega, \mathfrak{S}, W)$ mit $\Omega=\{1,2,3,4,5,6\}$, $\mathfrak{S}=\{\emptyset, \Omega, \{1,3,5\}, \{2,4,6\}\}$, $W(\emptyset)=0$, $W(\Omega)=1$, $W(\{1,3,5\})=1/4$, $W(\{2,4,6\})=3/4$ und durch die Abbildung $X(\omega)=+1$ für $\omega=1,3,5$ und $+10$ für $\omega=2,4,6$ ist eine Zufallsvariable X definiert. Geben Sie die Verteilungsfunktion dieser Zufallsvariablen an!

Lösung

Die Verteilungsfunktion ist definiert durch $F(y) = W(\{\omega | X(\omega) \leq y\})$. Aus den vorgegebenen Definitionen des Wahrscheinlichkeitsfeldes und der Abbildung $X: \Omega \to \mathfrak{R}$ folgt

y	$\{\omega | X(\omega) \leq y\}$
$-\infty < y < 1$	$\emptyset$
$1 \leq y < 10$	$\{1,3,5\}$
$10 \leq y < \infty$	Ω

und daraus

y	F(y)
$-\infty < y < 1$	0
$1 \leq y < 10$	1/4
$10 \leq y < \infty$	1

ooo

Aufgabe 33

Die Menge der Elementarereignisse Ω sei $\{a,b,c,d,e\}$. $\mathfrak{S}$ sei der kleinste Ereignisring mit den Elementen $\{a,b\}$, $\{c,d\}$ und $\{e\}$. Das Wahrscheinlichkeitsfunktional sei gegeben durch $W(\{a,b\})=1/2$, $W(\{c,d\})=1/3$, $W(\{e\})=1/6$. Durch $(\Omega, \mathfrak{S}, W)$ und durch die Abbildung X:

$$X(\omega) = \begin{cases} 0 \text{ für } \omega = a,b \\ 1 \text{ für } \omega = c,d \\ 2 \text{ für } \omega = e \end{cases}$$

ist eine Zufallsvariable X definiert. Geben Sie die Verteilungsfunktion dieser Zufallsvariablen an!

Lösung
Die Verteilungsfunktion ist gegeben durch $F(y) = W(\{w|X(w) \leq y\})$. Aus der Definition von $(\Omega, \mathfrak{S}, W)$ und X folgt

y	$\{w|X(w) \leq y\}$
$-\infty < y < 0$	$\emptyset$
$0 \leq y < 1$	$\{a,b\}$
$1 \leq y < 2$	$\{a,b,c,d\}$
$2 \leq y < \infty$	Ω

woraus sich ergibt

y	F(y)
$-\infty < y < 0$	0
$0 \leq y < 1$	3/6
$1 \leq y < 2$	5/6
$2 \leq y < \infty$	1

ooo

Aufgabe 34
Eine diskrete Zufallsvariable X sei symmetrisch um 3 verteilt. Es sei $W(X=3)=0,3$, $W(X=5)=0,1$, $W(X=8)=0,15$, $W(X=9)=0,1$.
a) Stellen Sie die Verteilungsfunktion und die Wahrscheinlichkeitsfunktion dieser Zufallsvariablen graphisch dar!
b) Berechnen Sie $W(-1<X \leq 2)$ und $W(4<X \leq 7)$!
c) Gibt es einen 0,75-Punkt für diese Verteilung?

Lösung
a)

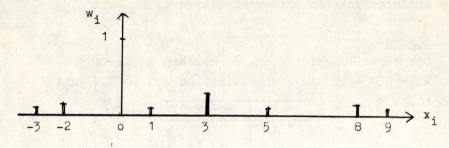

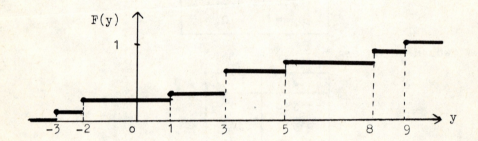

b) Aus der Formel $W(a<X\leq b)=F(b)-F(a)$ ergibt sich
   $W(-1<X\leq 2) = F(2) - F(-1) = 0,35 - 0,25 = 0,1$,
   $W(4<X\leq 7) = F(7) - F(4) = 0,75 - 0,65 = 0,1$.

c) Ein 0,75-Punkt c ist definiert durch $F(c) = 0,75$.
   Demnach sind alle Punkte $c \in [5;8)$ 0,75-Punkt dieser Verteilung.

ooo

Aufgabe 35
Frau Schulze versucht täglich, ihrem Mann ein weiches Frühstücksei zuzubereiten. Die Wahrscheinlichkeit für das Gelingen beträgt 0,2 . Wie groß ist die Wahrscheinlichkeit dafür, daß sie in einer Woche mindestens vier-

mal ein weiches Frühstücksei zuwegebringt?

<u>Lösung</u>
Sei N die Anzahl der weichen Frühstückseier für Herrn Schulze innerhalb einer Woche, dann ist nach den Voraussetzungen N eine B(7;0,2)-verteilte Zufallsvariable. Für diese gilt $W(N \geq 4) = 1 - W(N \leq 3) = 1 - 0,9667 = 0,0333$, was gleich der gefragten Wahrscheinlichkeit ist. Der Wert für die Verteilungsfunktion der Binomialverteilung wurde der Tabelle entnommen.

ooo

<u>Aufgabe 36</u>
Ein Automat produziert Fertigteile mit einem Ausschußsatz von 20 %. Wie groß ist die Wahrscheinlichkeit, daß von fünf zufällig ausgewählten Fertigteilen
a) keines,
b) eines,
c) höchstens drei Ausschuß sind?

<u>Lösung</u>
Sei X die Zufallsvariable, die die Anzahl der Ausschußstücke in fünf zufällig ausgewählten Fertigteilen beschreibt, so ist X B(5;0,2)-verteilt. Ist $F(y)$ die Verteilungsfunktion von B(5;0,2), so gilt für die gesuchten Wahrscheinlichkeiten
a) $W(X=0) = F(0) = 0,3277$,
b) $W(X=1) = F(1) - F(0) = 0,7373 - 0,3277 = 0,4096$,
c) $W(X \leq 3) = F(3) = 0,9933$.
Die Werte der Verteilungsfunktion wurden der Tabelle entnommen.

ooo

Aufgabe 37
Eine Zufallsvariable sei $B(10;0,1)$-verteilt. Bestimmen Sie die Wahrscheinlichkeit der Ereignisse $(2<X<5)$, $(2\leq X<5)$, $(2<X\leq 5)$ und $(2\leq X\leq 5)$!

Lösung
Aus der Tabelle der Wahrscheinlichkeitsfunktion w_i der Binomialverteilung $B(10;0,1)$ ergibt sich

$W(2<X<5) = w_3 + w_4$
$= 0,0574 + 0,0112$
$= 0,0686$,

$W(2\leq X<5) = w_2 + w_3 + w_4$
$= 0,1937 + 0,0574 + 0,0112$
$= 0,2623$,

$W(2<X\leq 5) = w_3 + w_4 + w_5$
$= 0,0574 + 0,0112 + 0,0015$
$= 0,0701$,

$W(2\leq X\leq 5) = w_2 + w_3 + w_4 + w_5$
$= 0,1937 + 0,0574 + 0,0112 + 0,0015$
$= 0,2638$.

Alternativ lassen sich die Wahrscheinlichkeiten aus der Tabelle der Verteilungsfunktion der $B(10;02)$ beschreiben.

$W(2<X<5) = F(4) - F(2) = 0,9984 - 0,9298 = 0,0686$,
$W(2\leq X<5) = F(4) - F(1) = 0,9984 - 0,7361 = 0,2623$,
$W(2<X\leq 5) = F(5) - F(2) = 0,9999 - 0,9298 = 0,0701$,
$W(2\leq X\leq 5) = F(5) - F(1) = 0,9999 - 0,7361 = 0,2638$.

Die Werte für w und F wurden der Tabelle entnommen.

ooo

Aufgabe 38

Die diskrete Zufallsvariable X sei symmetrisch um 1 verteilt. Es sei W(X=1) = 0,60 , W(X=2) = 0,15 , W(X=3) = 0,05. Geben Sie die Verteilungsfunktion dieser Zufallsvariablen an!

Lösung

Aus der Symmetrie der Wahrscheinlichkeitsfunktion folgt W(X=0) = 0,15 und W(X=-1) = 0,05. Daraus ergibt sich für die Verteilungsfunktion

y	F(y)
$-\infty < y < -1$	0
$-1 \leq y < 0$	0,05
$0 \leq y < 1$	0,20
$1 \leq y < 2$	0,80
$2 \leq y < 3$	0,95
$3 \leq y < \infty$	1

ooo

Aufgabe 39

Eine Zufallsvariable sei im Intervall [-2;2] gleichverteilt. Bestimmen Sie die Verteilungsfunktion und die Dichtefunktion dieser Zufallsvariablen und die Wahrscheinlichkeit des Ereignisses (-0,5≤X≤5)!

Lösung

Die Dichtefunktion ist

y	f(y)
$-\infty < y < -2$	0
$-2 \leq y \leq 2$	1/4
$2 < y < \infty$	0

Für die Verteilung folgt daraus

y	F(y)
$-\infty < y < -2$	0
$-2 \leq y \leq 2$	$y/4 + 1/2$
$2 < y < \infty$	1

Die gesuchte Wahrscheinlichkeit ist gegeben durch
$W(-0,5 \leq X \leq 5) = F(5) - F(-0,5) = 1 - 3/8 = 5/8$.

ooo

Aufgabe 40
Eine Zufallsvariable sei im Intervall [1,5;2] gleichverteilt. Bestimmen Sie die Verteilungsfunktion und die Dichtefunktion dieser Zufallsvariablen!

Lösung
Die Funktionen sind gegeben durch

y	F(y)	f(y)
$-\infty < y < 1,5$	0	0
$1,5 \leq y \leq 2$	$2y - 3$	2
$2 < y < \infty$	1	0

ooo

Aufgabe 41
Gegeben ist das Wahrscheinlichkeitsfeld $(\Omega, \mathfrak{S}, W)$ mit
$\Omega = \{(i,k) \mid i = j, m; k = a, b, c\}$, $\mathfrak{S}$ der Menge aller Teilmengen von Ω und W definiert durch $W\{(i,k)\} = 1/6$ für alle i und alle k. Durch die durch die Tabelle

k\i	a	b	c
j	(1,1)	(1,2)	(1,3)
m	(2,1)	(2,2)	(2,3)

definierte Abbildung $\Omega \to \Re^2$ ist eine zweidemensionale Zufallsvariable (X_1, X_2) gegeben. Geben Sie die Wahrscheinlichkeitsfunktion dieser Zufallsvariablen an!

Lösung

Aus der Definition des Wahrscheinlichkeitsfunktionals ergeben sich zunächst für eine Wahrscheinlichkeitsfunktion $w_{rs} = W\{(r,s)\}$ der zweidimensionalen Zufallsvariablen (X_1, X_2) die in der Tabelle

r\s	1	2	3
1	1/6	1/6	1/6
2	1/6	1/6	1/6

zusammengefaßten Werte. Durch Auszählung der durch die jeweiligen Ereignisse erfaßten Elementarereignisse ergeben sich die Werte der Verteilungsfunktion $F(y_1, y_2)$ von (X_1, X_2), die in der folgenden Tabelle zusammengefaßt sind

y_1 \ y_2	$-\infty < y_2 < 1$	$1 \le y_2 < 2$	$2 \le y_2 < 3$	$3 \le y_2 < \infty$
$-\infty < y_1 < 1$	0	0	0	0
$1 \le y_1 < 2$	0	1/6	2/6	3/6
$2 \le y_1 < \infty$	0	2/6	4/6	1

ooo

Abschnitt 1o

AUFGABEN ÜBER UNABHÄNGIGKEIT VON ZUFALLSVARIABLEN,
FUNKTIONEN VON ZUFALLSVARIABLEN, APPROXIMATION VON
VERTEILUNGEN

Zwei Zufallsvariable X_1 und X_2 heißen unabhängig, wenn die gemeinsame Verteilungsfunktion $F(y_1, y_2)$ als Produkt der Randverteilungen darstellbar ist. Andernfalls heißen X_1 und X_2 abhängig. Für zwei unabhängige diskrete Zufallsvariablen ergibt sich, daß ihre **gemeinsame** Wahrscheinlichkeitsfunktion gleich dem Produkt der Randwahrscheinlichkeiten ist, $w_{ij} = w_{i*} \cdot w_{*j}$. Für zwei unabhängige kontinuierliche Zufallsvariable ergibt sich, daß ihre gemeinsame Dichte gleich dem Produkt ihrer beiden Randdichten ist, $f(x,y) = f(x)f(y)$. Die Zufallsvariablen $X_1, X_2, \ldots, X_n$ heißen paarweise unabhängig, wenn je zwei von ihnen unabhängig sind. Sie heißen (en bloc) unabhängig, wenn ihre gemeinsame Verteilungsfunktion $F(y_1, \ldots, y_n)$ als Produkt der Randverteilungen $F_1(y_1), \ldots, F_n(y_n)$ darstellbar ist.

Bemerkung: Sind $X_1, \ldots, X_n$ (en bloc) unabhängig, so sind sie auch paarweise unabhängig. Sind sie umgekehrt paarweise unabhängig, so kann daraus nicht gefolgert werden, daß sie auch (en bloc) unabhängig sind.

Sind $X_1, \ldots, X_n$ Zufallsvariable und ist $g(X_1, \ldots, X_n)$ eine eindeutige Funktion, dann ist hierdurch wiederum eine Zufallsvariable $Y = g(X_1, \ldots, X_n)$ definiert. Im besonderen sind Summen, Produkte, Quotienten und lineare Funktionen von Zufallsvariablen wiederum Zufallsvariable. Wichtig sind die folgenden aus der Normalverteilung abgeleiteten Verteilungen: Ist Y $N(\mu, \sigma)$-verteilt, dann ist

$$\frac{Y-\mu}{\sigma}$$

$N(0,1)$-verteilt. Sind $X_1, \ldots, X_n$ (en bloc) unabhängige

N(o;1)-verteilte Zufallsvariable, dann heißt die Summe

$$\chi_n^2 = X_1^2 + \ldots + X_n^2$$

χ^2-Verteilung mit n Freiheitsgraden. Ist Z N(o;1)-verteilt und sind χ_n^2 und Z unabhängig, dann heißt der Ausdruck

$$t_n = \frac{Z}{\sqrt{\frac{1}{n}\chi_n^2}}$$

t-Verteilung mit n Freiheitsgraden. Sind χ_m^2 und χ_n^2 unabhängig, dann heißt

$$F_n^m = \frac{\frac{1}{m}\chi_m^2}{\frac{1}{n}\chi_n^2}$$

F-Verteilung mit m und n Freiheitsgraden. Aus praktischen Gründen ist es zuweilen zweckmäßig, gewisse Verteilungen durch andere Verteilungen zu approximieren. Den Approximationsfehler kann man in vielen Fällen vernachlässigen, wenn man die folgenden Faustregeln beachtet. B(n;p) kann durch $N(np;\sqrt{np(1-p)})$ ersetzt werden im Falle np ≥ 5 und n(1-p) ≥ 5, B(n;p) kann durch P(np) ersetzt werden im Falle n ≥ 5o und np ≤ 5, t_n kann durch N(o;1) ersetzt werden im Falle n ≥ 3o.

Aufgabe 42

Durch die Tabelle

(x_1, x_2)	(0;1)	(0;2)	(1;1)	(1;2)
$W(X_1, X_2) = (x_1, x_2)$	0,1	0,3	0,2	0,4

ist eine zweidimensionale Zufallsvariable (X_1, X_2) gegeben.

a) Bestimmen Sie die Randverteilungen von X_1 und X_2!
b) Sind X_1 und X_2 unabhängig?

Lösung

a) Zunächst ergeben sich aus der Tabelle die Randwahrscheinlichkeitsfunktionen

$$w_{0*} = 0,1 + 0,3 = 0,4 ,$$
$$w_{1*} = 0,2 + 0,4 = 0,6$$

und

$$w_{*1} = 0,1 + 0,2 = 0,3 ,$$
$$w_{*2} = 0,3 + 0,4 = 0,7$$

und hieraus die Randverteilungen

y_1	$F_1(y_1)$
$-\infty < y_1 < 0$	0
$0 \leq y_1 < 1$	0,4
$1 \leq y_1 < \infty$	1

und

y_2	$F_2(y_2)$
$-\infty < y_2 < 1$	0
$1 \leq y_2 < 2$	0,3
$2 \leq y_2 < \infty$	1

b) X_1 und X_2 sind nicht unabhängig. Es gilt z.B.
$w_{01} = 0,1 \neq 0,4 \cdot 0,3 = w_{0*} \cdot w_{*1}$.

000

Aufgabe 43

Zwei diskrete Zufallsvariablen X und Y haben durch die folgende Tabelle gegebene gemeinsame Wahrscheinlichkeitsfunktion w_{xy}

w_{xy}	y: -1	0	1
x: 0	0,04	0,12	0,04
1	0,06	0,18	0,06
2	0,08	0,24	0,08
3	0,02	0,06	0,02

Bestimmen Sie die Verteilungsfunktion von $Z = X + Y$!

Lösung

Wir gehen aus von einer Tabelle für die möglichen Werte von Z und deren Realisierungen

Z	Realisierungen von Z
-1	(0,-1)
0	(0,0),(1,-1)
1	(0,1),(1,0),(2,-1)
2	(1,1),(2,0),(3,-1)
3	(2,1),(3,0)
4	(3,1)

Mittels der Tabelle der w_{xy} bestimmen wir die Wahrscheinlichkeitsfunktion von Z

Z	w_z	
-1	0,04	= 0,04
0	0,12 + 0,06	= 0,18
1	0,04 + 0,18 + 0,08	= 0,30
2	0,06 + 0,24 + 0,02	= 0,32
3	0,08 + 0,06	= 0,14
4	0,02	= 0,02
	Σ	= 1,00

woraus sich durch sukzessive Kumulation die Verteilungsfunktion F(y) für Z ergibt

y	F(y)
$-\infty < y < -1$	0,00
$-1 \leq y < 0$	0,04
$0 \leq y < 1$	0,22
$1 \leq y < 2$	0,52
$2 \leq y < 3$	0,84
$3 \leq y < 4$	0,98
$4 \leq y < \infty$	1,00

ooo

Aufgabe 44

Ein Einzelhändler hat festgestellt, daß eine bestimmte Kaffeesorte bevorzugt gekauft wird. Es wird angenommen, die monatliche Absatzmenge könne durch eine normalverteilte Zufallsvariable X mit $\mu = 450$ und $\sigma = 9$ beschrieben werden. Wie viele Packungen muß der Händler jeweils für einen Monat auf Lager haben, damit er die Nachfrage mit einer Wahrscheinlichkeit von 0,95 befriedigen kann?

Lösung

Die gesuchte Menge ist definiert als der 0,95-Punkt $x_{0,95}$ der Zufallsvariablen X. Für die standardisierte Normalverteilung hat dieser Punkt die Abszisse 1,645. Da für X eine N(450;9)-Verteilung angenommen wurde, ergibt sich für $x_{0,95}$ die Gleichung

$$\frac{x_{0,95} - 450}{9} = 1,645$$

mit der Lösung

$$x_{0,95} \approx 465 \ .$$

ooo

Aufgabe 45

Wie groß ist die Wahrscheinlichkeit, beim hundertmaligen Werfen mit einem fairen Würfel zwischen 60 und 70-mal eine gerade Zahl zu werfen?

Lösung

Die Anzahl der geradzahligen Ergebnisse bei 100 Würfen mit einem fairen Würfel ist eine $B(100;0,5)$-verteilte Zufallsvariable Z. Die gesuchte Wahrscheinlichkeit ist demnach

$$W(60 \leq Z \leq 70) = \sum_{i=60}^{70} \binom{100}{i} 0,5^i \cdot 0,5^{100-i} .$$

Wegen $\mathcal{E}(Z)=50$ und $\sigma_Z=5$ und da $np = 50 > 5$ und $n(1-p) = 50 > 5$ (Approximationsbedingungen), wird diese Wahrscheinlichkeit mittels der $N(50;5)$-Verteilung angenähert berechnet. Sei F die Verteilungsfunktion der standardisierten Normalverteilung, dann ergibt sich

$$W(60 \leq Z \leq 70) \approx F(\frac{70-50}{5}) - F(\frac{60-50}{5}) = F(4) - F(2)$$
$$\approx 1 - 0,9772 = 0,0228 .$$

Die Werte von F wurden der Tabelle entnommen.

ooo

Abschnitt 11

AUFGABEN ÜBER ERWARTUNGSWERTE

Erwartungswerte sind charakteristische Größen einer Verteilung. Der Erwartungswert (oder auch Mittelwert) einer Zufallsvariablen ist definiert durch

$$\mu = \mathcal{E}(X) = \sum_i x_i w_i \quad \text{bzw.} \quad = \int_{-\infty}^{+\infty} \eta f(\eta) d\eta.$$

Die Varianz einer Zufallsvariablen X ist definiert durch

$$\sigma^2 = \text{var}(X) = \mathcal{E}((X-\mu)^2) = \sum (x_i-\mu)^2 w_i$$

$$\text{bzw.} = \int_{-\infty}^{+\infty} (\eta-\mu)^2 f(\eta) d\eta.$$

Allgemein heißt der Erwartungswert $\mathcal{E}(X^k)$ das k-te Moment von X und der Erwartungswert $\mathcal{E}((X-\mu)^k)$ das k-te zentrierte Moment von X. Die Kovarianz zweier Zufallsvariablen X_1 und X_2 ist definiert durch:

$$\sigma_{12} = \text{cov}(X_1, X_2) = \mathcal{E}((X_1-\mu_1)(X_2-\mu_2))$$

$$= \sum_i \sum_j (x_{1i}-\mu_1)(x_{2j}-\mu_2) w_{ij}$$

$$\text{bzw.} = \int_{-\infty}^{\infty} \int_{-\infty}^{\infty} (\eta_1-\mu_1)(\eta_2-\mu_2) f(\eta_1, \eta_2) d\eta_1 d\eta_2.$$

<u>Bemerkung</u>: Die Existenz von Erwartungswerten ist eine spezielle Eigenschaft der jeweiligen Zufallsvariablen. Es gibt z.B. Verteilungen, die keinen Erwartungswert besitzen (u.a. F_2^m) oder solche, die keine Varianz haben (u.a. t_2).

Der Ausdruck $\rho = \sigma_{12}/\sigma_1\sigma_2$ heißt Korrelationskoeffizient der beiden Zufallsvariablen X_1 und X_2. Im Fall $\rho = 0$ heißen die beiden Zufallsvariablen unkorreliert. Bei unkorrelierten Zufallsvariablen ist die Kovarianz gleich

Null. Unabhängige Zufallsvariable sind stets unkorreliert, aber unkorrelierte Zufallsvariable sind nicht notwendigerweise unabhängig (vgl. hierzu Aufgabe Nr. 53).

<u>Bemerkung:</u> Der Korrelationskoeffizient zweier Zufallsvariablen darf nicht mit der gleichnamigen Maßzahl aus der deskriptiven Statistik verwechselt werden.

Die folgenden Rechenregeln für Erwartungswerte werden häufig angewendet. Für die Zufallsvariablen $X_1,\ldots,X_n$ gilt $\mathcal{E}(X_1+\ldots+X_n) = \mathcal{E}(X_1)+\ldots+\mathcal{E}(X_n)$. Haben diese Zufallsvariablen alle die gleiche Verteilung mit $\mathcal{E}(X_i) = \mu$, so folgt daraus $\mathcal{E}(X_1+\ldots+X_n) = n\mu$ und für das arithmetische Mittel $\mathcal{E}(\overline{X}_n) = \mu$. Für die Varianz gilt $var(X) = \mathcal{E}(X^2)-\mu^2$ und $var(X_1+X_2) = var(X_1)+var(X_2)+2cov(X_1,X_2)$ Sind die Zufallsvariablen $X_1,\ldots,X_n$ paarweise unkorreliert, dann gilt $var(X_1+\ldots+X_n) = var(X_1)+\ldots+var(X_n)$. Sind a und b Konstante, so gilt $\mathcal{E}(a+bX) = a + b\mathcal{E}(X)$ und $var(a+bX) = b^2 var(X)$. Sind die Zufallsvariablen $X_1,\ldots,X_n$ paarweise unkorreliert und haben sie alle die gleiche Verteilung mit der Varianz σ^2, dann gilt für das arithmetische Mittel

$$var(\overline{X}_n) = \frac{\sigma^2}{n}.$$

Ist X eine Zufallsvariable mit $\mathcal{E}(X)=\mu$ und $var(X)=\sigma^2$, dann heißt die Zufallsvariable

$$Z = \frac{X-\mu}{\sigma}$$

die zugeordnete standardisierte Zufallsvariable. Für standardisierte Zufallsvariablen gilt stets $\mathcal{E}(Z) = 0$, $var(Z) = 1$. Beispiele einiger spezieller Erwartungswerte zeigt die folgende Tabelle:

Verteilung	Erwartungswert	Varianz
$B(n;p)$	np	$np(1-p)$
$P(\lambda)$	λ	λ
$N(\mu;\sigma^2)$	μ	σ^2
χ_n^2	n	$2n$
t_n	0	$n/n-2$
F_n^m	$\dfrac{n}{n-2}$	$\dfrac{2n^2(m+n-2)}{m(n-2)^2(n-4)}$

Ganz allgemein werden die für eine Verteilung charakteristischen Zahlen als Parameter bezeichnet. Z.B. ist die Zahl m für die F_n^m-Verteilung ein Parameter oder der Erwartungswert $\mathcal{E}(X)$ für die Verteilung der Zufallsvariablen X.

Aufgabe 46

Gegeben sei die Dichtefunktion einer kontinuierlichen Zufallsvariablen X

y	f(y)
$-\infty \leq y < -1$	0
$-1 \leq y \leq 5$	1/6
$5 < y < \infty$	0

a) Bestimmen Sie F(y)!
b) Berechnen Sie $\mathcal{E}(X)$!
c) Berechnen Sie $W(1 \leq X \leq 3)$!
d) Stellen Sie F(y) graphisch dar!

Lösung

a) Die Verteilungsfunktion erhält man durch Integration der Dichtefunktion

y	F(y)
$-\infty < y < -1$	0
$-1 \leq y \leq 5$	y/6 + 1/6
$5 < y < \infty$	1

b) Der Erwartungswert von X ist

$$\mathcal{E}(X) = \int_{-\infty}^{\infty} \eta f(\eta) d\eta = \int_{-1}^{5} \frac{1}{6} \eta \, d\eta = 2 \; .$$

c) Aus a) ergibt sich $F(3) = 4/6$, $F(1) = 2/6$ und daraus
$W(1 \leq X \leq 3) = F(3) - F(1) = 4/6 - 2/6 = 1/3$.

d)

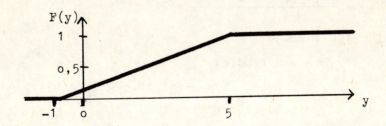

000

Aufgabe 47

a) Bestimmen Sie für die durch die Verteilungsfunktion

y	F(y)
$\infty < y < 1$	0
$1 \leq y < 2$	1/2
$2 \leq y < 3$	5/8
$3 \leq y < 4$	7/8
$4 \leq y < \infty$	1

gegebene diskrete Zufallsvariable X den Erwartungswert und die Varianz!

b) Berechnen Sie für die Zufallsvariable Y = 3 X + 2 den Erwartungswert und die Varianz!

Lösung

a) Wir berechnen zunächst die Wahrscheinlichkeitsfunktion von X

x	w_x		
1	F(1) − 0 =	1/2 − 0 =	4/8
2	F(2) − F(1) =	5/8 − 1/2 =	1/8
3	F(3) − F(2) =	7/8 − 5/8 =	2/8
4	F(4) − F(3) =	1 − 7/8 =	1/8
		Σ	1

Daraus ergibt sich für den Erwartungswert

$$\mathcal{E}(X) = \Sigma x \cdot w_x = 1 \cdot 4/8 + 2 \cdot 1/8 + 3 \cdot 2/8 + 4 \cdot 1/8$$

$$= \frac{4 + 2 + 6 + 4}{8} = \frac{16}{8} = 2$$

und für die Varianz

$$\sigma_X^2 = \Sigma (x - \mathcal{E}(X))^2 w_x$$
$$= (1-2)^2 \cdot 4/8 + (2-2)^2 \cdot 1/8 + (3-2)^2 \cdot 2/8$$
$$\quad + (4-2)^2 \cdot 1/8$$
$$= \frac{4 + 0 + 2 + 4}{8} = \frac{10}{8} = 1,25.$$

b) Nach den Formeln $\mathcal{E}(3X+2) = 3\mathcal{E}(X)+2$, $\mathrm{var}(3X+2)$
$= 3^2 \mathrm{var}(Y)$ ergibt sich für $Y = 3X+2$, $\mathcal{E}(Y) = 3\cdot 2+2=8$,
$\mathrm{var}(Y) = 9\cdot 1{,}25 = 11{,}25$.

ooo

Aufgabe 48

Die diskreten Zufallsvariablen X und Y haben die gemeinsame Wahrscheinlichkeitsfunktion w_{xy}

w_{xy}	y: 0	1
x: 0	0,2	0,1
1	0,1	0,1
2	0,3	0,2

Bestimmen Sie $\mathcal{E}(X+Y)$ und $\mathrm{var}(X+Y)$!

Lösung

Aus der Tabelle ergeben sich durch Zeilen- bzw. Spaltenaddition die Randwahrscheinlichkeitsfunktionen

x	w_{x*}	y	w_{*y}
0	0,3	0	0,6
1	0,2	1	0,4
2	0,5		

woraus, z.B. wegen

$$w_{oo} = 0{,}2 \neq 0{,}3 \cdot 0{,}6 = w_{o*} \cdot w_{*o}$$

ersichtlich wird, daß X und Y nicht unabhängig sind. Die Formeln für die gesuchten Erwartungswerte sind
$\mathcal{E}(X+Y) = \mathcal{E}(X) + \mathcal{E}(Y)$
$\mathrm{var}(X+Y) = \mathrm{var}(X) + \mathrm{var}(Y) + 2\,\mathrm{cov}(X,Y)$.
Es ist $\mathcal{E}(X) = 0\cdot 0{,}3 + 1\cdot 0{,}2 + 2\cdot 0{,}5 = 1{,}2$,
$\mathcal{E}(Y) = 0\cdot 0{,}6 + 1\cdot 0{,}4 \qquad\qquad = 0{,}4$,

$$\text{var}(X) = (0-1,2)^2 \cdot 0,3 + (1-1,2)^2 \cdot 0,2 + (2-1,2)^2 \cdot 0,5$$
$$= 0,76 ,$$
$$\text{var}(Y) = (0-0,4)^2 \cdot 0,6 + (1-0,4)^2 \cdot 0,4 = 0,24 ,$$
$$\begin{aligned}\text{cov}(X,Y) &= (0-1,2)(0-0,4) \cdot 0,2 + (1-1,2)(0-0,4) \cdot 0,1 + \\ &+ (2-1,2)(0-0,4) \cdot 0,3 + (0-1,2)(1-0,4) \cdot 0,1 + \\ &+ (1-1,2)(1-0,4) \cdot 0,1 + (2-1,2)(1-0,4) \cdot 0,2 \\ &= 0,02 .\end{aligned}$$

Daraus folgt
$$\mathcal{E}(X+Y) = 1,2 + 0,4 = 1,6$$
und
$$\text{var}(X+Y) = 0,76 + 0,24 + 2 \cdot 0,02 = 1,04.$$

ooo

Aufgabe 49

Die zweidimensionale Zufallsvariable (X,Y) habe die Wahrscheinlichkeitsfunktion:
$$W(X = 0, Y = 3) = 0,04,$$
$$W(X = 0, Y = 5) = 0,16,$$
$$W(X = 1, Y = 3) = 0,10,$$
$$W(X = 1, Y = 5) = 0,40,$$
$$W(X = 2, Y = 3) = 0,06,$$
$$W(X = 2, Y = 5) = 0,24 .$$
Es sei $Z = \frac{1}{2}(X+Y)$. Bestimmen Sie $\mathcal{E}(Z)$ und $\text{var}(Z)$!

Lösung

In der folgenden Tabelle sind die gemeinsamen Wahrscheinlichkeiten w_{xy} und die daraus durch Addition über y bzw. x gewonnenen Randwahrscheinlichkeiten w_{x*} und w_{*y} zusammengestellt

w_{xy}	y: 3	5	w_{x*}
x:			
0	0,04	0,16	0,2
1	0,10	0,40	0,5
2	0,06	0,24	0,3
w_{*y}	0,2	0,8	1

Die Zufallsvariablen X und Y sind unabhängig, da für alle x und y gilt $w_{x*} \cdot w_{*y} = w_{xy}$. Aus den Randverteilungen ergibt sich

$$\mathcal{E}(X) = 0\cdot 0,2 + 1\cdot 0,5 + 2\cdot 0,3 = 1,1 ,$$
$$\mathcal{E}(Y) = 3\cdot 0,2 + 5\cdot 0,8 = 4,6 ,$$
$$\mathrm{var}(X) = (0-1,1)^2\cdot 0,2 + (1-1,1)^2\cdot 0,5 + (2-1,1)^2\cdot 0,3$$
$$= 0,49,$$
$$\mathrm{var}(Y) = (3-4,6)^2\cdot 0,2 + (5-4,6)^2\cdot 0,8$$
$$= 0,64 .$$

Daraus berechnet man

$$\mathcal{E}(Z) = \frac{1}{2}(\mathcal{E}(X) + \mathcal{E}(Y))$$
$$= \frac{1}{4}(0,49 + 0,64) \approx 0,28.$$

und (unter Beachtung der Unabhängigkeit von X und Y)

$$\mathrm{var}(\tfrac{1}{2}(X+Y)) = (\tfrac{1}{2})^2 \mathrm{var}(X+Y)$$
$$= \tfrac{1}{4}(0,49 + 0,64) \quad 0,28.$$

000

Aufgabe 50

Bestimmen Sie für die beiden diskreten Zufallsvariablen X und Y gegeben durch

x	w_x
-1	0,1
0	0,2
1	0,5
2	0,2

und Y = 2X + 5 jeweils den Erwartungswert und die Varianz!

<u>Lösung</u>
$\mathcal{E}(X) = \sum_X x w_x = -1 \cdot 0,1 + 0 \cdot 0,2 + 1 \cdot 0,5 + 2 \cdot 0,2 = 0,8$,
$\mathcal{E}(Y) = 2\mathcal{E}(X) + 5 = 2 \cdot 0,8 + 5 = 6,6$,
$\text{var}(X) = \sum_X (x-\mathcal{E}(X))^2 w_x = (-1-0,8)^2 \cdot 0,1 + (0-0,8)^2 \cdot 0,2 +$
$\qquad + (1-0,8)^2 \cdot 0,5 + (2-0,8)^2 \cdot 0,2 = 0,76$,
$\text{var}(Y) = 2^2 \cdot \text{var}(X) = 4 \cdot 0,76 = 3,04.$

ooo

Aufgabe 51
Für welche Konstante k ist die Funktion
$$f(y) = \begin{cases} ky & \text{für } 0 \leq y \leq 2 \\ 0 & \text{sonst} \end{cases}$$
die Dichtefunktion einer Zufallsvariablen X? Bestimmen Sie für dieses X Verteilungsfunktion und Erwartungswert!

<u>Lösung</u>
Es gilt
$$\int_{-\infty}^{\infty} f(y)dy = \int_0^2 ky\,dy = \left.\frac{ky^2}{2}\right|_0^2 = \frac{4k}{2} = 1,$$
woraus k = 0,5 folgt. Die Verteilungsfunktion von X ist

y	F(y)
$-\infty < y < 0$	0
$0 \leq y < 2$	$0,25y^2$
$2 \leq y < \infty$	1

Der Erwartungswert von X ist
$$\mathcal{E}(X) = \int_{-\infty}^{\infty} \eta f(\eta)d\eta = \int_0^2 0,5\eta^2 d\eta = \frac{4}{3}.$$

ooo

Aufgabe 52

Berechnen Sie für die beiden Zufallsvariablen X_1 und X_2 mit der gemeinsamen Wahrscheinlichkeitsfunktion

(x_1, x_2)	$w_{x_1 x_2}$
(0,1)	0,1
(0,2)	0,5
(1,1)	0,2
(1,2)	0,2

den Korrelationskoeffizienten und kommentieren Sie das Ergebnis!

Lösung

Aus der gemeinsamen Wahrscheinlichkeitsfunktion ergeben sich die Randwahrscheinlichkeitsfunktionen

$w_{0*} = 0{,}1 + 0{,}5 = 0{,}6$,
$w_{1*} = 0{,}2 + 0{,}2 = 0{,}4$

und

$w_{*1} = 0{,}1 + 0{,}2 = 0{,}3$,
$w_{*2} = 0{,}5 + 0{,}2 = 0{,}7$.

Für die Erwartungswerte und die Varianzen hat man

$\mathcal{E}(X_1) = \sum_{x_1} x_1 w_{x_1 *} = 0 \cdot 0{,}6 + 1 \cdot 0{,}4 = 0{,}4$,

$\mathcal{E}(X_2) = \sum_{x_2} x_2 w_{* x_2} = 1 \cdot 0{,}3 + 2 \cdot 0{,}7 = 1{,}7$

und

$\mathrm{var}(X_1) = \sum_{x_1} (x_1 - \mathcal{E}(X_1))^2 w_{x_1 *}$

$\quad = (0-0{,}4)^2 \cdot 0{,}6 + (1-0{,}4)^2 \cdot 0{,}4 = 0{,}24$,

$\mathrm{var}(X_2) = \sum_{x_2} (x_2 - \mathcal{E}(X_2))^2 w_{* x_2}$

$\quad = (1-1{,}7)^2 \cdot 0{,}3 + (2-1{,}7)^2 \cdot 0{,}7 = 0{,}21$.

Für die Kovarianz ergibt sich

$\sigma_{12} = \sum_{x_1} \sum_{x_2} (x_1 - \mathcal{E}(X_1))(x_2 - \mathcal{E}(X_2)) w_{x_1 x_2}$

$\quad = (0-0{,}4)(1-1{,}7) \cdot 0{,}1 + (1-0{,}4)(1-1{,}7) \cdot 0{,}2$
$\quad + (0-0{,}4)(2-1{,}7) \cdot 0{,}5 + (1-0{,}4)(2-1{,}7) \cdot 0{,}2$
$\quad = -0{,}08$.

Der Korrelationskoeffizient ist

$$\rho = \frac{\sigma_{12}}{\sqrt{\sigma_1^2 \sigma_1^2}} = \frac{-0,08}{\sqrt{0,24 \cdot 0,21}} \approx -0,35 ,$$

d.h. X_1 und X_2 sind negativ korreliert. Die sich hierin ausdrückende Abhängigkeit von X_1 und X_2 folgt unmittelbar z.B. aus $w_{o*} \cdot w_{*1} = 0,6 \cdot 0,3 = 0,18 \neq 0,1 = w_{o1}$.

ooo

Aufgabe 53

Die beiden Zufallsvariablen X_1 und X_2 haben die gemeinsame Wahrscheinlichkeitsfunktion

$$W(X_1 = -1, X_2 = -1) = 1/3 ,$$
$$W(X_1 = 0, X_2 = -1) = 0 ,$$
$$W(X_1 = 1, X_2 = -1) = 1/3 ,$$
$$W(X_1 = -1, X_2 = 0) = 0 ,$$
$$W(X_1 = 0, X_2 = 0) = 1/3 ,$$
$$W(X_1 = 1, X_2 = 0) = 0 .$$

a) Sind X_1 und X_2 unkorreliert?
b) Sind X_1 und X_2 unabhängig?

Lösung

Aus den Angaben zur gemeinsamen Wahrscheinlichkeitsfunktion ergeben sich die Randwahrscheinlichkeitsfunktionen

$$W(X_1 = -1) = 1/3, \quad W(X_1 = 0) = 1/3, \quad W(X_1 = 1) = 1/3$$

und

$$W(X_2 = -1) = 2/3, \quad W(X_2 = 0) = 1/3 .$$

Für die Erwartungswerte folgt daraus

$$\mathcal{E}(X_1) = -1 \cdot 1/3 + 0 \cdot 1/3 + 1 \cdot 1/3 = 0$$
$$\mathcal{E}(X_2) = -1 \cdot 2/3 + 0 \cdot 2/3 \qquad\qquad = -2/3.$$

Da die Kovarianz

$$\begin{aligned}
\sigma_{12} = &(-1-o)(-1+2/3)\cdot 1/3 + (o-o)(-1+2/3)\cdot o \\
&+ (1-o)(-1+2/3)\cdot 1/3 + (-1-o)(o+2/3)\cdot o \\
&+ (o-o)(o+2/3)\cdot 1/3 + (1-o)(o+2/3)\cdot o = o
\end{aligned}$$

verschwindet, ist auch für den Korrelationskoeffizienten

$$\rho = \frac{\sigma_{11}}{\sigma_1 \sigma_2} = o \; ,$$

d.h. X_1 und X_2 sind unkorreliert. Da aber z.B.

$$W(X_1=-1, X_2=-1) = 1/3 \neq 1/3 \cdot 2/3 = W(X_1=-1)W(X_2=-1)$$

ist, sind die beiden Zufallsvariablen nicht unabhängig.

ooo

Abschnitt 12

AUFGABEN ÜBER DIE UNGLEICHUNG VON TSCHEBYSCHEFF UND
DEN ZENTRALEN GRENZWERTSATZ

Zur Berechnung der Wahrscheinlichkeit $W(|X-\mu| \geq c)$ für beliebige c benötigt man die Kenntnis der Verteilungsfunktion. Die Ungleichung von Tschebyscheff ergibt eine Abschätzung dieser Wahrscheinlichkeit, die nur die Kenntnis der Varianz σ^2 dieser Zufallsvariablen benötigt:

$$W(|X-\mu| \geq c) \leq \frac{\sigma^2}{c^2}$$

oder umgeformt

$$W(|X-\mu| < c) \geq 1 - \frac{\sigma^2}{c^2} ,$$

die natürlich nur für $c > \sigma$ interessant ist. Sei $X_1, X_2, \ldots$ eine Folge unabhängiger Zufallsvariablen, dann besagt der zentrale Grenzwertsatz, daß die korrespondierende Folge der standardisierten arithmetischen Mittel

$$Z_n = (\sum_{i=1}^{n} X_i - \sum_{i=1}^{n} \mu_i)/\sqrt{\Sigma \sigma_i^2}$$

unter gewissen allgemeinen Bedingungen als asymptotische Verteilung die standardisierte Normalverteilung besitzt.

Aufgabe 54

Eine Zufallsvariable X habe den Erwartungswert $\mathcal{E}(X) = 10$ und die Varianz $\text{var}(X) = 4$.

a) Welche Aussage kann über die Wahrscheinlichkeit des Ereignisses $(7 < X < 13)$ gemacht werden?

b) Welche Aussage kann über die Wahrscheinlichkeit des Ereignisses $(7 < X < 13)$ gemacht werden, wenn man weiß, daß X normalverteilt ist?

Lösung

a) Da Erwartungswert und Varianz bekannt sind, kann die fragliche Wahrscheinlichkeit mittels der Ungleichung von Tschebyscheff abgeschätzt werden

$$W(7<X<13) = W(|X-10|<3) \geq 1 - \frac{4}{9} = \frac{5}{9} \approx 0{,}5555.$$

b) Da die Normalverteilung durch ihren Erwartungswert und ihre Varianz eindeutig bestimmt ist, kann in diesem Fall die fragliche Wahrscheinlichkeit exakt bestimmt werden. Sei F die Verteilungsfunktion der standardisierten Normalverteilung, so ist

$$W(7<X<13) = F\left(\frac{13-10}{2}\right) - F\left(\frac{7-10}{2}\right)$$

$$= F(1{,}5) - F(-1{,}5)$$

$$= 0{,}9332 - (1-0{,}9332) = 0{,}8604.$$

Die Zahlenwerte für die Verteilung wurden der Tabelle entnommen.

ooo

Aufgabe 55

Vergleichen Sie für eine t_{20} verteilte Zufallsvariable die Tschebyscheffsche Abschätzung der Wahrscheinlichkeit $W(-3<X<3)$ mit dem wahren Wert!

Lösung

Die Varianz der t_{20} Verteilung ist $n/(n-2) = 20/(20-2) = 10/9$. Daraus ergibt sich für die Tschebyscheffsche Ungleichung

$$W(|X|<3) = W(-3<X<3) \geq 1 - \frac{10}{3^2 \cdot 9}$$

$$= 1 - \frac{10}{81} \approx 0{,}8765 \ .$$

Bedeutet F die Verteilungsfunktion für t_{20}, so ist
$W(-3<X<3) = F(3) - (1-F(3)) = 0{,}9965 - 1 + 0{,}9965 = 0{,}9930$.
Der Wert von F wurde der Tabelle entnommen. Angesichts der Grobheit der Tschebyscheffschen Abschätzung im allgemeinen kann das Ergebnis als relativ gut bezeichnet werden (vgl. Aufgabe 54).

ooo

Aufgabe 56

Eine diskrete Zufallsvariable sei symmetrisch um Null verteilt. Es sei $\mathrm{var}(X) = 4$. Welche Aussage kann über die Wahrscheinlichkeit des Ereignisses $(-3<X<3)$ gemacht werden? Ließe sich das Ergebnis modifizieren, wenn X kontinuierlich wäre?

Lösung

Aus der Symmetrie um Null folgt $\mathcal{E}(X) = 0$. Die Ungleichung von Tschebyscheff ergibt für die fragliche Wahrscheinlichkeit die Abschätzung

$$W(-3<X<3) \geq 1 - \frac{4}{3^2} = \frac{5}{9} \ .$$

Wäre X kontinuierlich, so wäre $W(-3<X<3) = W(-3 \leq X \leq 3)$
$= W(-3 \leq X < 3) = W(-3 < X \leq 3)$ und man hätte zugleich eine Abschätzung der Wahrscheinlichkeit der korrespondierenden Ereignisse gewonnen.

ooo

Aufgabe 57

Die Werbeausgaben, die 100 Unternehmen während eines Geschäftsjahres getätigt haben, seien Realisationen unabhängiger Zufallsvariablen mit dem Erwartungswert $\mu = 0,6$ Mio DM und der Streuung $\sigma = 0,2$ Mio DM. Wie groß ist die Wahrscheinlichkeit dafür, daß die Werbeausgaben insgesamt 65 Mio DM nicht übersteigen?

Lösung

Beschreibe die Zufallsvariable X_i die Werbeausgaben für das i-te Unternehmen, dann folgt aus der Unabhängigkeit der X_i: $\mathcal{E}(\Sigma X_i) = n\mu = 100 \cdot 0,6 = 60$, $\text{var}(\Sigma X_i) = n\sigma^2 = 100 \cdot (0,2)^2 = 4$. Da nach dem Zentralen Grenzwertsatz unter gewissen allgemeinen Bedingungen, die hier als erfüllt angenommen werden, die Folge von Teilsummen unabhängiger Zufallsvariablen asymptotisch normalverteilt ist, liegt es nahe, die Verteilung der Zufallsvariablen für die Gesamt-Werbeausgaben ΣX_i durch die Normalverteilung zu approximieren. In diesem Fall ergibt sich, wenn F die Verteilungsfunktion der standardisierten Normalverteilung bedeutet, als Näherungswert für die gesuchte Wahrscheinlichkeit

$$F(\frac{65-60}{2}) = 0,9938 .$$

ooo

Teil III

AUFGABEN ZUR ANALYTISCHEN STATISTIK

Abschnitt 13

AUFGABEN ÜBER STICHPROBEN

Aus einer Menge von Trägern eines quantitativen Merkmals werde ein Element ausgewählt. Diese Auswahl heißt zufällig, wenn jedem Element die gleiche Wahrscheinlichkeit zukommt, ausgewählt zu werden. Die Merkmalsausprägung eines zufällig ausgewählten Elementes wird durch eine Zufallsvariable beschrieben. Diese Zufallsvariable heißt Stichprobenvariable und ihre Verteilung heißt die Verteilung des Merkmals in der Grundgesamtheit oder kurz die Verteilung der Grundgesamtheit. Werden n Elemente zufällig ausgewählt, so bilden sie eine Stichprobe vom Umfang n. Die Aufgabe der Stichprobentheorie besteht darin, aus der Realisation von Stichproben Aufschlüsse über die Verteilung der Grundgesamtheit zu gewinnen. Sind die Stichprobenvariablen einer Stichprobe unabhängig, so heißt sie Zufallsstichprobe. Typische Zufallsstichproben sind Stichproben mit Zurücklegen aus endlichen Grundgesamtheiten oder Stichproben aus unendlichen Grundgesamtheiten. Typische Nicht-Zufallsstichproben sind Stichproben ohne Zurücklegen aus endlichen Grundgesamtheiten. Da hier außer im Abschnitt 21 nur Zufallsstichproben betrachtet werden, werden diese künftig kurz als Stichproben bezeichnet. Eine Stichprobe vom Umfang n besteht also aus n unabhängigen Zufallsvariablen mit der gleichen Verteilung. Ist g eine eindeutige Funktion der Stichprobenvariablen, die keine unbekannten Parameter der Verteilung der Grundgesamtheit enthält, so heißt die Zufallsvariable $g(X_1,...,X_n)$ eine Stichprobenfunktion und ihre Verteilung eine Stichprobenverteilung. Häufig auftretende Stichprobenfunktionen sind das arithmetische Mittel

$$\overline{X}_n = \frac{\sum_{i=1}^{n} X_i}{n}$$

die Stichprobenvarianz

$$S_n'^2 = \frac{\Sigma(X_i-\overline{X}_n)^2}{n},$$

und die korrigierte Stichprobenvarianz

$$S_n^2 = \frac{\Sigma(X_i-\overline{X})^2}{n-1}.$$

Für die praktische Realisierung von Stichproben wurden verschiedene Verfahren entwickelt, z.B. Zufallszahlen in der Statistik, Zufallsapparate beim Lotto usw.

Aufgabe 58

Aus der Tagesproduktion eines Automobilwerkes sollen für die Zwecke der Qualitätskontrolle 1o Pkw zufällig ausgewählt werden. Die Fahrgestellnummern der an diesem Tage hergestellten Pkw laufen von 212ooo bis 236ooo. Bilden Sie eine uneingeschränkte Zufallsauswahl mit Hilfe einer Tabelle von Zufallszahlen!

Lösung

Da die erste Ziffer der Fahrgestellnummer bei allen Wagen die gleiche ist, beschränken wir uns auf eine Zufallsauswahl aus den Zahlen von 12ooo bis 36ooo. In unserem Falle nehmen wir die ersten fünf Spalten der Tabelle der Zufallszahlen, der wir alle die Zahlen entnehmen, die der Grundgesamtheit (d.s. alle Zahlen von 12ooo bis 36ooo) angehören. Ist bis zum Ende der Spalte die Stichprobe noch unvollständig (in unserem Beispiel sind dann erst sechs Elemente bestimmt), so bilden wir eine neue Zahlenspalte z.B. aus der 2. bis zur 6. Tabellenspalte. Wichtig bei der Benutzung von Tabellen von Zufallszahlen ist das Vermeiden von systematischen Fehlern. Praktisch heißt das in unserem Beispiel, daß jede sich bildende Zahl, die Element der Grundgesamtheit ist, auch ausgewählt wird. Die so bestimmten Fahrzeuge haben die folgenden Fahrgestellnummern:

244o8,	18344,
33392,	127o8,
21842,	276o7,
25241,	23396,
31322,	33923.

ooo

Aufgabe 59

Eine Grundgesamtheit bestehe aus den Elementen e_1, e_2, e_3 mit den Merkmalsausprägungen $x_1 = 3$, $x_2 = 3$, $x_3 = 5$. Leiten Sie für einen Stichprobenumfang von $n = 2$ die Stichprobenverteilung des arithmetischen Mittels und der mittleren quadratischen Abweichung ab!

Lösung

Möglich sind die folgenden verschiedenen Stichproben, denen jeweils die gleiche Wahrscheinlichkeit $1/3 \cdot 1/3 = 1/9$ zukommt

(e_1, e_1)	(e_1, e_2)	(e_1, e_3)
(e_2, e_1)	(e_2, e_2)	(e_2, e_3)
(e_3, e_1)	(e_3, e_2)	(e_3, e_3)

Die korrespondierende Tabelle der Stichprobenwerte ist

(3, 3)	(3, 3)	(3, 5)
(3, 3)	(3, 3)	(3, 5)
(5, 3)	(5, 3)	(5, 5)

Die korrespondierende Tabelle der Stichprobenmittel $\bar{x}_2 = 1/2(x_i + x_j)$ ist

3	3	4
3	3	4
4	4	5

woraus sich die folgende Wahrscheinlichkeitsfunktion für das arithmetische Mittel ergibt

$\bar{x}_2$	$w_{\bar{x}_2}$
3	4/9
4	4/9
5	1/9

und daraus die folgende Verteilungsfunktion für das arithmetische Mittel

y	$F_{\bar{x}_2}(y)$
$-\infty < y < 3$	0
$3 \leq y < 4$	4/9
$4 \leq y < 5$	8/9
$5 \leq y < \infty$	1

Die korrespondierende Tabelle der mittleren quadratischen Abweichung $s_2^2 = 1/2((x_i - \bar{x}_2)^2 + (x_j - \bar{x}_2)^2)$ ist

0	0	1
0	0	1
1	1	0

woraus sich die folgende Wahrscheinlichkeitsfunktion für die mittlere quadratische Abweichung ergibt

s_2^2	$w_{s_2^2}$
0	5/9
1	4/9

und daraus die folgende Verteilungsfunktion für die mittlere quadratische Abweichung

y	$F_{s_2^2}(y)$
$-\infty < y < 0$	0
$0 \leq y < 1$	5/9
$1 \leq y < \infty$	1

ooo

Aufgabe 60

(X_1, X_2, X_3) seien die Variablen einer verbundenen Stichprobe aus je einer N(o;1)-, N(o;2)- und N(2;2)-verteilten Grundgesamtheit.

a) Wie groß ist die Wahrscheinlichkeit, daß die Realisation der Stichprobe in das dreidimensionale Intervall

$$\left[\begin{bmatrix}-1\\-1\\-1\end{bmatrix}, \begin{bmatrix}1\\1\\1\end{bmatrix}\right]$$

fällt?

b) Wie groß ist die Wahrscheinlichkeit für das Ereignis $(-1 \leq \overline{X} \leq 1)$?

<u>Lösung</u>

a) Aus der Unabhängigkeit der Stichprobenvariablen folgt, Wenn f_i bzw. F_i die Dichtefunktionen bzw. die Verteilungsfunktionen der korrespondierenden Normalverteilungen und f bzw. F die Dichtefunktion und Verteilungsfunktion der standardisierten Normalverteilung bedeuten

$$W\left[\begin{bmatrix}-1\\-1\\-1\end{bmatrix} \leq \begin{bmatrix}X_1\\X_2\\X_3\end{bmatrix} \leq \begin{bmatrix}1\\1\\1\end{bmatrix}\right]$$

$$= \int_{-1}^{1}\int_{-1}^{1}\int_{-1}^{1} f_1(x_1)f_2(x_2)f_3(x_3)dx_1dx_2dx_3$$

$$= \{F_1(1)-F_1(-1)\} \cdot \{F_2(1)-F_2(-1)\} \cdot \{F_3(1)-F_3(-1)\}$$

$$= \{F(1)-F(-1)\}\{F(\tfrac{1}{2})-F(-\tfrac{1}{2})\}\{F(\tfrac{1-2}{2})-F(\tfrac{-1-2}{2})\}$$

$$= \{F(1)-F(-1)\}\{F(0,5)-F(-0,5)\}\{F(-0,5)-F(-1,5)\}$$

$$\approx (0,8413-0,1587)(0,6915-0,3085)(0,3085-0,0668)$$

$$\approx 0,06 .$$

b) Mit X_1, X_2, X_3 ist auch $\overline{X}$ normalverteilt mit dem Erwartungswert

$$\mu = \frac{\mu_1+\mu_2+\mu_3}{3} = \frac{0+0+2}{3} = \frac{2}{3}$$

und der Varianz

$$\sigma^2 = \frac{1}{3^2}(\sigma_1^2+\sigma_2^2+\sigma_3^2) = \frac{1+4+4}{9} = 1$$

d.h. $\bar{X}$ ist $N(\frac{2}{3};1)$-verteilt. Bezeichnet F die Verteilungsfunktion der standardisierten Normalverteilung, dann ist

$$W(-1 \leq \bar{X} \leq 1) = F(\frac{1-\frac{2}{3}}{1}) - F(\frac{-1-\frac{2}{3}}{1})$$
$$= F(\frac{1}{3}) - F(-\frac{5}{3}) \approx 0,6305 - 0,0479 = 0,5826.$$

Die Werte für F wurden der Tabelle entnommen.

ooo

Aufgabe 61
Wie groß ist die Wahrscheinlichkeit, daß das Mittel einer Stichprobe vom Umfang 9 aus einer $N(2;3)$-verteilten Grundgesamtheit zwischen 1 und 3 liegt?

Lösung
Das Stichprobenmittel ist $N(2;\frac{3}{\sqrt{9}})$ oder $N(2;1)$-verteilt. Für die gesuchte Wahrscheinlichkeit gilt, wenn F die Verteilungsfunktion der Normalverteilung bedeutet,

$W(1 \leq \bar{X} \leq 3) = F(\frac{3-2}{1}) - F(\frac{1-2}{1}) = F(1) - F(-1) \approx 0,8413 - 0,1587 = 0,6826.$

Die Werte für F wurden der Tabelle entnommen.

ooo

Abschnitt 14

AUFGABEN ÜBER SCHÄTZFUNKTIONEN

Eine Schätzfunktion ist eine Stichprobenfunktion, deren Realisation eine Punktschätzung ergibt, d.h. eine einzelne Zahl, die als Schätzwert für den unbekannten Parameter θ dient. Die Qualität einer Schätzfunktion $\Theta = h(X_1,\ldots,X_n)$ wird durch ihre stochastischen Eigenschaften bestimmt. Gilt $\mathcal{E}(\Theta) = \theta$, dann heißt Θ unverzerrt oder erwartungstreu. Gilt von zwei erwartungstreuen Schätzfunktionen Θ und Θ^* var (Θ) < var (Θ^*), so heißt Θ wirksamer als Θ^*.

Bemerkung: Eigenschaften wie Erwartungstreue oder hohe Wirksamkeit sind Eigenschaften von Zufallsvariablen und nicht von Schätzwerten. Es ist sehr wohl möglich, daß die Realisation einer erwartungstreuen Schätzfunktion mit hoher Wirksamkeit per Zufall einen viel schlechteren Schätzwert ergibt als die einer verzerrten Schätzfunktion mit geringer Wirksamkeit.

Beispiele erwartungstreuer Schätzfunktionen sind

$$\frac{1}{n} \sum_{i=1}^{n} X_i \text{ für den Erwartungswert } \mu,$$

$$\frac{1}{n-1} \sum_{i=1}^{n} (X_i - \overline{X})^2 \text{ für die Varianz } \sigma^2.$$

Ein Beispiel für eine nicht erwartungstreue Schätzfunktion für die Varianz ist die Stichprobenvarianz

$$\frac{\Sigma (X_i - \overline{X})^2}{n}.$$

Analog hat man auch Schätzfunktionen von gemeinsamen Stichproben $((X_1,Y_1),\ldots,(X_n,Y_n))$ zum Schätzen von Parametern einer gemeinsamen Verteilung. So ist der Bravais-Pearson'sche Stichprobenkorrelationskoeffizient

$$\frac{\Sigma(X_i-\overline{X})(Y_i-\overline{Y})}{\sqrt{\Sigma(X_i-\overline{X})^2\Sigma(Y_i-\overline{Y})^2}}$$

eine erwartungstreue Schätzfunktion für den Korrelationskoeffizienten der gemeinsamen Verteilung von X und Y.

Aufgabe 62

Zeigen Sie für das Beispiel aus Aufgabe 59:

a) $S'^2 = 1/n \ \Sigma(X_i - \overline{X})^2$ ist eine verzerrte Schätzfunktion für die Varianz,

b) $S''^2 = 1/n \ \Sigma(X_i - \mu)^2$ ist eine erwartungstreue Schätzfunktion für die Varianz,

c) $S^2 = 1/(n-1) \ \Sigma(X_i - \overline{X})^2$ ist eine erwartungstreue Schätzfunktion für die Varianz!

Lösung

a) Der Erwartungswert μ der Grundgesamtheit ist

$$\mathcal{E}(X) = x_i w_{x_i} = 3 \cdot 1/3 + 3 \cdot 1/3 + 5 \cdot 1/3 = 11/3 \ .$$

Die Varianz σ^2 der Grundgesamtheit ist

$$\text{var}(X) = \Sigma(x_i - \mu)^2 w_{x_i} = (3-11/3)^2 \cdot 1/3 + (3-11/3)^2 \cdot 1/3$$
$$+ (5-11/3)^2 \cdot 1/3 = 8/9 \ .$$

Aus der Wahrscheinlichkeitsfunktion für S'^2 (vgl. Aufgabe 59) folgt

$$\mathcal{E}(S'^2) = 0 \cdot 5/9 + 1 \cdot 4/9 = 4/9 \neq \sigma^2 \ .$$

b) Die Stichprobentabelle für $S''^2 = 1/2\{(x_i-\mu)^2 + (x_j-\mu)^2\}$ ist

4/9	4/9	10/9
4/9	4/9	10/9
10/9	10/9	16/9

Daraus ergibt sich für die Wahrscheinlichkeitsfunktion von S''^2

s''^2_2	$w_{s''^2_2}$
4/9	4/9
10/9	4/9
16/9	1/9

und der Erwartungswert

$$\mathcal{E}(S''^2) = 4/9 \cdot 4/9 + 10/9 \cdot 4/9 + 16/9 \cdot 1/9 = 8/9 = \sigma^2 \ .$$

c) Aufgrund der Relation
$$S^2 = \frac{n}{n-1} S'^2$$
ergibt sich für die Wahrscheinlichkeitsfunktion von S^2 aus der korrespondierenden Tabelle für S'^2 (vgl. Aufgabe 59)

s^2	w_{s^2}
0	5/9
2	4/9

und daraus der Erwartungswert
$$\mathcal{E}(S^2) = 0 \cdot 5/9 + 2 \cdot 4/9 = 8/9 = \sigma^2 .$$

ooo

Aufgabe 63

Eine Grundgesamtheit bestehe aus den Elementen e_1, e_2 und e_3 mit den Merkmalsausprägungen $x_1 = 1$, $x_2 = 2$, $x_3 = 3$. Es wird eine Stichprobe vom Umfang $n = 2$ entnommen. Geben Sie die Stichprobenverteilung des arithmetischen Mittels an! Zeigen Sie an diesem Beispiel, daß das arithmetische Mittel eine erwartungstreue Schätzfunktion für μ ist.

Lösung

Die Tabelle der Stichprobenwerte der Stichproben vom Umfang 2, deren jeder die Wahrscheinlichkeit $1/3 \cdot 1/3 = 1/9$ zukommt, ist

(1,1)	(1,2)	(1,3)
(2,1)	(2,2)	(2,3)
(3,1)	(3,2)	(3,3)

Ihr korrespondiert die folgende Stichprobentabelle der Mittel $\bar{X}_2$

1,0	1,5	2,0
1,5	2,0	2,5
2,0	2,5	3,0

Für $\overline{X}_2$ ergibt sich daraus die Wahrscheinlichkeitsfunktion

$\overline{x}_2$	$w_{\overline{x}_2}$
1,0	1/9
1,5	2/9
2,0	3/9
2,5	2/9
3,0	1/9

und die Verteilungsfunktion

y	F(y)
$-\infty < y < 1,0$	0
$1,0 \leq y < 1,5$	1/9
$1,5 \leq y < 2,0$	3/9
$2,0 \leq y < 2,5$	6/9
$2,5 \leq y < 3,0$	8/9
$3,0 \leq y < \infty$	1

Es ist $\mathcal{E}(\overline{X}_2) = 1,0 \cdot 1/9 + 1,5 \cdot 2/9 + 2,0 \cdot 3/9 + 2,5 \cdot 2/9 + 3,0 \cdot 1/9 = 2$ und $\mathcal{E}(X) = \mu = 1 \cdot 1/3 + 2 \cdot 1/3 + 3 \cdot 1/3 = 2$, d.h. $\overline{X}_2$ ist eine erwartungstreue Schätzfunktion für μ.

ooo

Aufgabe 64

(X_1, X_2, X_3) sei eine Stichprobe aus einer Grundgesamtheit mit dem Erwartungswert μ und der Varianz σ^2. Vergleichen Sie die Wirksamkeit der drei Schätzfunktionen

$$Y_1 = 1/3(X_1+X_2+X_3),$$
$$Y_2 = 1/4(2X_1+2X_3),$$
$$Y_3 = 1/3(2X_1+X_2) \;!$$

Lösung

Aus der Unabhängigkeit der Stichprobenvariablen folgt

$$\mathrm{var}(Y_1) = 1/9(\sigma^2+\sigma^2+\sigma^2) = \sigma^2/3 \;,$$
$$\mathrm{var}(Y_2) = 1/16(4\sigma^2+4\sigma^2) = \sigma^2/2 \;,$$
$$\mathrm{var}(Y_3) = 1/9(4\sigma^2+\sigma^2) = 5/9 \cdot \sigma^2 \;,$$

d.h. Y_1 ist wirksamer als Y_2 und diese ist wirksamer als Y_3.

ooo

Aufgabe 65

Eine Stichprobe vom Umfang n = 1o aus einer Grundgesamtheit ergab die folgenden Werte 2, 4, 3, 5, 1, 4, 5, 1, 2, 3. Schätzen Sie daraus Erwartungswert und Varianz der Grundgesamtheit!

Lösung

Zur Schätzung von μ wählen wir die erwartungstreue Schätzfunktion $\frac{1}{n}\Sigma X_i$ und erhalten den Schätzwert

$$\frac{1}{1o}(2+4+3+5+1+4+5+1+3+2) = \frac{1}{1o} \cdot 3o = 3 \;.$$

Zur Schätzung von σ^2 wählen wir die erwartungstreue Schätzfunktion $\frac{1}{n-1}\Sigma(X_i-\overline{X})^2$ und erhalten den Schätzwert

$$\frac{1}{9}\left\{(2-3)^2+(4-3)^2+(5-3)^2+(1-3)^2+(4-3)^2+ \right.$$
$$\left. +(5-3)^2+(1-3)^2+(2-3)^2\right\} = \frac{1}{9} \cdot 2o = 2\frac{2}{9} \;.$$

ooo

Aufgabe 66

Eine Stichprobe vom Umfang 6 ergab für die zwei Merkmale der Elemente die folgenden Werte

i	1	2	3	4	5	6
x_i	7	10	9	9	8	11
y_i	35	60	55	60	40	80

Schätzen Sie daraus den Korrelationskoeffizienten für die zwei Merkmale!

Lösung

Eine erwartungstreue Schätzfunktion für den Korrelationskoeffizienten ist

$$\frac{\Sigma(X_i-\bar{X})(Y_i-\bar{Y})}{\sqrt{\Sigma(X_i-\bar{X})^2 \Sigma(Y_i-\bar{Y})^2}}$$

Zur Berechnung des Schätzwertes stellen wir die folgende Tabelle zusammen

i	x_i	y_i	$(x_i-\bar{x})$	$(y_i-\bar{y})$	$(x_i-\bar{x})(y_i-\bar{y})$	$(x_i-\bar{x})^2$	$(y_i-\bar{y})^2$
1	7	35	-2	-20	40	4	400
2	10	60	1	5	5	1	25
3	9	55	0	0	0	0	0
4	9	60	0	5	0	0	25
5	8	40	-1	-15	15	1	225
6	11	80	2	25	50	4	625
	$\bar{x}=9$	$\bar{y}=55$	Summe		110	10	1300

Daraus ergibt sich der Schätzwert

$$\hat{\rho}_{xy} = \frac{110}{\sqrt{10 \cdot 1300}} \approx 0{,}96 \ .$$

Abschnitt 15

AUFGABEN ÜBER KLEINST-QUADRATE-SCHÄTZUNGEN IM EINFACHEN LINEAREN REGRESSIONSMODELL

Ausgangspunkt ist die Annahme einer zeitlich konstanten linearen Relation zwischen dem Regressanden Y (d.h. die zu erklärende Größe) und dem nicht stochastischen Regressor x (d.h. die erklärende Größe), die durch eine zufällige Störvariable U beeinflußt wird, $Y_t = \alpha + \beta x_t + U_t$, t = 1,2,...,n. Dieses Regressionsmodell wird durch die Annahme $\mathcal{E}(U_t) = 0$ für alle t stochastisch spezifiziert. Die Aufgabe ist, aus der durch die x bedingten Stichprobe $((y_1,x_1), (y_2,x_2),...,(y_n,x_n))$ eine Schätzung für die unbekannten Parameter α und β zu gewinnen. Es stellt sich heraus, daß die durch die Methode der kleinsten Quadrate bestimmten Koeffizienten a und b der Regressionsgeraden (vgl. Abschnitt 4) unter diesen Annahmen unverzerrte Schätzfunktionen sind.

Bemerkung: Die Schätzfunktionen sind linear in den Stichprobenvariablen Y_i und heißen deshalb lineare Schätzfunktionen.

Aufgabe 67

Schätzen Sie die Koeffizienten der linearen Regressionsgleichung $y = \alpha + \beta x$ aus den folgenden Stichprobenwerten

i	1	2	3	4	5	6
x_i	21	32	31	27	34	35
y_i	7	9	9	8	10	11

Lösung

Die Schätzung erfolgt nach der Methode der kleinsten Quadrate. Ausgangspunkt ist die folgende Arbeitstabelle

i	x_i	y_i	$x_i - \bar{x}$	$y_i - \bar{y}$	$(x_i - \bar{x})(y_i - \bar{y})$	$(x_i - \bar{x})^2$
1	21	7	-9	-2	18	81
2	32	9	2	0	0	4
3	31	9	1	0	0	1
4	27	8	-3	-1	3	9
5	34	10	4	1	4	16
6	35	11	5	2	10	25
Σ	$\bar{x}=30$	$\bar{y}=9$	0	0	35	136

Daraus ergeben sich die Schätzwerte

$$\hat{\beta} = \frac{\Sigma (x_i - \bar{x})(y_i - \bar{y})}{\Sigma (x_i - \bar{x})^2} = \frac{35}{136} \approx 0{,}25 \; ,$$

$$\hat{\alpha} = \bar{y} - \hat{\beta}\bar{x} \approx 9 - 0{,}25 \cdot 30 = 9 - 7{,}72 = 1{,}28.$$

ooo

Aufgabe 68

Für die Bundesrepublik Deutschland (ohne Saarland und Berlin) ergab sich (in Mrd DM)

Jahr	Verfügbares Einkommen der privaten Haushalte x_i	Ersparnis der privaten Haushalte y_i
1950	70	7
1951	83	10
1952	92	11
1953	99	10
1954	107	12
1955	122	16
1956	136	18
1957	151	22
1958	163	25
1959	174	26
1960	190	29

Quelle: Jahresgutachten 1972 des Sachverständigenrates zur Begutachtung der gesamtwirtschaftlichen Entwicklung S. 218 f. (Die o.a. Zahlen sind gerundet.) Schätzen Sie die marginale Sparquote in der Bundesrepublik für die Jahre 1950 bis 1960!

Lösung

Wir definieren die marginale Sparquote als den Regressionskoeffizienten β der linearen Regressionsgleichung $y = \alpha + \beta x$. Ausgehend von der Arbeitstabelle

i	x_i	y_i	$x_i - \bar{x}$	$y_i - \bar{y}$	$(x_i - \bar{x})(y_i - \bar{y})$	$(x_i - \bar{x})^2$
1	70	7	-56,1	-9,9	555,39	3147
2	83	10	-43,1	-6,9	297,39	1858
3	92	11	-34,1	-5,9	201,19	1163
4	99	10	-27,1	-6,9	186,99	734,4
5	107	12	-19,1	-4,9	93,59	364,8
6	122	16	-4,1	-0,9	3,69	16,81
7	136	18	9,9	1,1	10,89	98,01
8	151	22	24,9	5,1	126,99	620
9	163	25	36,9	8,1	298,89	1362
10	174	26	47,9	9,1	435,89	2294
11	190	29	63,9	12,1	773,19	4083
Σ	1387	186			2984,09	15741,02

$\bar{x} \approx 126,1$, $\bar{y} \approx 16,9$

ergibt sich als Schätzwert

$$\hat{\beta} = \frac{\Sigma(x_i - \overline{x})(y_i - \overline{y})}{\Sigma(x_i - \overline{x})^2} \approx 0{,}189 \ .$$

ooo

Abschnitt 16

AUFGABEN ÜBER KONFIDENZINTERVALLE

Aus einer Intervallschätzung resultiert ein Intervall (Konfidenzintervall), das mit einer vorgegebenen Wahrscheinlichkeit α (Vertrauenswahrscheinlichkeit) den unbekannten Parameter θ überdeckt. Charakterisiert wird eine Intervallschätzung auch durch die Zahl $1 - \alpha$, dem Konfidenzniveau. Seien $\underline{\Gamma}$ und $\overline{\Gamma}$ zwei Stichprobenfunktionen, für die $\underline{\Gamma} \leq \overline{\Gamma}$ gilt und sei

$$W(\theta < \underline{\Gamma}) = W(\theta > \overline{\Gamma}) = \frac{1-\alpha}{2},$$

dann heißt eine Realisierung von $[\underline{\Gamma}; \overline{\Gamma}]$ ein symmetrisches Konfidenzintervall. Es gilt offenbar $W(\theta \in [\underline{\Gamma};\overline{\Gamma}]) = \alpha$. Hier werden nur symmetrische Konfidenzintervalle betrachtet. Bei der praktischen Bestimmung eines Konfidenzintervalls geht man häufig von einer Funktion Θ der Stichprobenvariablen aus, die den unbekannten Parameter θ enthält und deren Verteilung exakt oder approximativ bekannt ist. Ihr $\frac{1-\alpha}{2}$ Punkt bzw. $\frac{1+\alpha}{2}$ Punkt ist die Zahl c_1 bzw. c_2, für die

$$W(\Theta \leq c_1) = \frac{1-\alpha}{2} \quad \text{bzw.}$$

$$W(\Theta \leq c_2) = \frac{1+\alpha}{2} \quad \text{gilt.}$$

Dann ist $W(c_1 \leq \Theta \leq c_2) = \alpha$ und auf dem Wege der Eliminierung von θ in der Doppelungleichung versucht man ein Konfidenzintervall zu bestimmen. Z.B. soll für den unbekannten Parameter μ der $N(\mu;1)$-Verteilung ein Konfidenzintervall zum Konfidenzniveau $1-\alpha$ bestimmt werden. Die Funktion der Stichprobenvariablen $(\overline{X}_n - \mu)\sqrt{n}$ ist $N(0;1)$-verteilt und es gilt

$$W(c_1 \leq (\overline{X}_n - \mu)\sqrt{n} \leq c_2) = \alpha,$$

woraus sich durch Elimination von μ ergibt

$$W(\overline{X}_n - \frac{c_2}{\sqrt{n}} \leq \mu \leq \overline{X}_n - \frac{c_1}{\sqrt{n}}) = \alpha,$$

d.h.

$$[\bar{x}_n - \frac{c_2}{\sqrt{n}} \; ; \; \bar{x}_n - \frac{c_1}{\sqrt{n}}]$$

ist für μ ein Vertrauensintervall für das Konfidenzniveau 1 - α.

Einige wichtige Stichprobenfunktionen, aus denen Konfidenzintervalle hergeleitet werden können, zeigt die folgende Tabelle:

zu schätzender Parameter	Verteilung der Grundges.	Stichpr.-Funktion	Verteilung der Stichprobenfunktion	Approximationsbedingung
μ	normal	$\frac{\bar{X}-\mu}{\sigma}\sqrt{n}$	$N(0;1)$	-
μ	normal	$\frac{\bar{X}-\mu}{S}\sqrt{n}$	$t_{(n-1)}$	-
μ	beliebig	$\frac{\bar{X}-\mu}{\sigma}\sqrt{n}$	asymptotisch $N(0;1)$	$n > 30$
σ^2	normal	$\frac{(n-1)S^2}{\sigma^2}$	$\chi^2_{(n-1)}$	-
μ	beliebig	$\frac{\bar{X}-\mu}{\hat{\sigma}}\sqrt{n}$	asymptotisch $N(0;1)$	$n > 30$
p	$B(1;p)$	$\frac{\bar{X}-p}{\sqrt{\hat{p}(1-\hat{p})}}\sqrt{n}$	asymptotisch $N(0;1)$	$np \geq 5$ $n(1-p) \geq 5$

$\hat{\sigma}$ bzw. $\hat{p}$ sind Schätzwerte für die Parameter σ bzw. p.

Aufgabe 69

In einem Chemiewerk werden nahtlose Kunststoffrohre hergestellt. Die Innendurchmesser dieser Rohre seien Realisationen einer normalverteilten Zufallsvariablen mit $\sigma = 0{,}13$ cm. Um eine Angabe über den mittleren Durchmesser der Rohre zu erhalten, wurde aus der laufenden Produktion eine Stichprobe vom Umfang n = 100 entnommen. Dabei ergab sich $\overline{x} = 6{,}63$ cm. Bestimmen Sie für eine Vertrauenswahrscheinlichkeit von $\alpha = 0{,}95$ die Vertrauensgrenzen für den mittleren Durchmesser der in diesem Werk produzierten Kunststoffrohre! Wie ändert sich das Ergebnis, wenn Sie die Annahme der Normalverteilung fallen lassen?

Lösung

Aus der Tabelle der N(0;1)-Verteilung ergeben sich für den 0,025-Punkt c_1 der Wert $-1{,}96$ und für den 0,975-Punkt c_2 der Wert $1{,}96$. Für das Konfidenzintervall für eine Vertrauenswahrscheinlichkeit von 0,95 ergibt sich somit

$$[\overline{x} + c_1 \frac{\sigma}{\sqrt{n}} \; ; \; \overline{x} + c_2 \frac{\sigma}{\sqrt{n}}]$$

$$= [6{,}63 - 1{,}96 \frac{0{,}13}{\sqrt{100}} \; ; \; 6{,}63 + 1{,}96 \frac{0{,}13}{\sqrt{100}}] \approx [6{,}60 ; 6{,}65]$$

d.h. 6,60 cm ist die untere und 6,65 cm die obere Vertrauensgrenze für den mittleren Rohrdurchmesser bei einem Konfidenzniveau von 0,05. Wird keine Annahme über die Verteilung der Grundgesamtheit gemacht, so ist im allgemeinen die Zufallsvariable

$$\frac{\overline{X} - \mu}{\sigma} \sqrt{n}$$

nur asymptotisch normalverteilt und das Ergebnis bekommt den Charakter von Näherungswerten für die Schätzung der Vertrauensgrenzen.

Aufgabe 70

Bei der Abfüllung eines Mineralwassers in Literflaschen ist der Gehalt an Magnesium Schwankungen unterworfen. 15 Kontrollmessungen ergaben folgende Werte für den Magnesiumgehalt (in mg/l): 26,7;26,2;26,5;26,7;27,1;26,6;26,7; 26,7;26,8;26,4;26,7;27,2;26,9;26,3;27,0 . Es wird angenommen, daß die beobachteten Werte Realisationen einer normalverteilten Zufallsvariablen sind. Geben Sie ein Konfidenzintervall für den durchschnittlichen Magnesiumgehalt dieses Mineralwassers für eine Vertrauenswahrscheinlichkeit von $\alpha = 0,9$ an!

Lösung

Bedeutet μ den Erwartungswert für den durchschnittlichen Magnesiumgehalt und S^2 die korrigierte Stichprobenvarianz, dann ist unter den gemachten Annahmen die Zufallsvariable

$$\frac{\overline{X}-\mu}{S}\sqrt{n} \quad \text{(mit } S = \sqrt{\Sigma(X_i-\overline{X})^2/(n-1)}\text{)}$$

$t_{(n-1)}$-verteilt. Sind c_1 bzw. c_2 die 0,05 bzw. 0,95 Punkte der $t_{(n-1)}$-Verteilung, dann ergibt sich für eine Vertrauenswahrscheinlichkeit von 0,9 das Vertrauensintervall

$$[\overline{x} + c_1 \frac{s}{\sqrt{n}} ; \overline{x} + c_2 \frac{s}{\sqrt{n}}].$$

Arbeitstabelle zur Berechnung von s:

i	x_i	$x_i-\overline{x}$	$(x_i-\overline{x})^2$
1	26,6	-0,1	0,01
2	26,7	0	0
3	26,7	0	0 0
4	26,2	-0,5	0,25
5	26,7	0	0
6	27,2	+0,5	0,25
7	26,5	-0,2	0,04
8	26,7	0	0
9	26,9	+0,2	0,04
10	26,7	0	0
11	26,8	+0,1	0,01
12	26,3	-0,4	0,16
13	27,1	+0,4	0,16
14	26,4	-0,3	0,09
15	27,0	+0,3	0,09
Σ	400,5	0	1,10

Der Tabelle für die t_{14}-Verteilung entnehmen wir die
Werte $c_1 \approx -1,77$, $c_2 \approx 1,77$. Damit ergibt sich für das
gesuchte Konfidenzintervall

$$\left[26{,}7 - 1{,}77 \frac{0{,}281}{\sqrt{15}} \; ; \; 26{,}7 + 1{,}77 \frac{0{,}281}{\sqrt{15}} \right] \approx [26{,}57 \; ; \; 26{,}83] \; .$$

ooo

Aufgabe 71

Aus einer Stichprobe vom Umfang 20 wurde als Schätzwert
für die Varianz $\hat{\sigma}^2 = 5{,}2$ bestimmt. Die Grundgesamtheit
sei normalverteilt. Geben Sie für eine Vertrauenswahrscheinlichkeit von $\alpha = 0{,}99$ die Vertrauensgrenzen für
die Varianz an!

Lösung

Ist S^2 die korrigierte Stichprobenvarianz, dann ist
unter den gemachten Annahmen die Zufallsvariable

$$\frac{(n-1)S^2}{\sigma^2}$$

$\chi^2_{(n-1)}$-verteilt. Sind c_1 bzw. c_2 die 0,005 bzw. 0,995
Punkte der $\chi^2_{(n-1)}$-Verteilung, dann ist

$$\left[\frac{(n-1)S^2}{c_2} \; ; \; \frac{(n-1)S^2}{c_1} \right]$$

ein Vertrauensintervall für das Konfidenzniveau 0,01. In
der vorliegenden Aufgabe ist $n = 20$, $s^2 = 5{,}2$. Der Tabelle der χ^2_{19}-Verteilung entnimmt man die Werte

$$c_1 \approx 6{,}8 \; , \; c_2 \approx 38{,}6 \; .$$

Daraus ergibt sich für das gesuchte Konfidenzintervall

$$\left[\frac{19 \cdot 5{,}2}{38{,}6} \; ; \; \frac{19 \cdot 5{,}2}{6{,}8} \right] \approx [2{,}55 \; ; \; 14{,}53] \; .$$

ooo

Aufgabe 72

Es wird angenommen, daß die Durchmesser der auf einer bestimmten Anlage hergestellten Stahlkugeln für Kugellager durch die Realisierungen einer normalverteilten Zufallsvariablen mit der Streuung $\sigma = 1{,}04$ mm beschrieben werden. Aus einer Stichprobe vom Umfang $n = 300$ ergab sich $\bar{x} = 12{,}14$ mm. Bestimmen Sie für das Konfidenzniveau $0{,}01$ die Vertrauensgrenzen für den Erwartungswert $\mathcal{E}(X) = \mu$!

Lösung

Die Vertrauensgrenzen sind durch die Formeln

$$\bar{x} + c_1 \frac{\sigma}{\sqrt{n}} \quad \text{und} \quad \bar{x} + c_2 \frac{\sigma}{\sqrt{n}}$$

gegeben, wenn c_1 der $0{,}005$ Punkt und c_2 der $0{,}995$ Punkt der $N(0,1)$-Verteilung ist. Der Tabelle dieser Verteilung entnimmt man die Werte $c_1 = -2{,}575$, $c_2 = +2{,}575$, woraus sich für die gesuchten Grenzen ergibt

$$12{,}14 - 2{,}575 \cdot \frac{1{,}04}{\sqrt{300}} \approx 11{,}99 ,$$

$$12{,}14 + 2{,}575 \cdot \frac{1{,}04}{\sqrt{300}} \approx 12{,}29 .$$

ooo

Aufgabe 73

In einer Stichprobe vom Umfang $n = 100$ war das arithmetische Mittel $\bar{x} = 12$ und die korrigierte mittlere quadratische Abweichung $s^2 = 6{,}25$.

a) Geben Sie für eine Vertrauenswahrscheinlichkeit von $\alpha = 0{,}95$ ein Konfidenzintervall für den Erwartungswert μ an!

b) Wie groß müßte der Stichprobenumfang sein, damit das

Konfidenzintervall halb so groß wäre wie im Falle a)?

<u>Lösung</u>

a) Notwendig wäre die Kenntnis der Verteilung von $\overline{X}$. Hierzu liegt aber außer einer erwartungstreuen Schätzung für die Streuung in der Grundgesamtheit nur die allgemeine Information (Grenzwertsatz) vor, daß $\overline{X}$ asymptotisch normalverteilt ist. Daraus folgt, daß die Ergebnisse nur den Charakter von Schätzungen und Näherungen haben können. Es wird dann angenommen, daß $\overline{X}$ normalverteilt sei mit der Streuung $s/\sqrt{n}$. Mit den 0,025 bzw. 0,975 Punkten der $N(0;1)$-Verteilung $c_1 = -1,96$ und $c_2 = 1,96$ ergibt sich das Konfidenzintervall

$$[\overline{x} + c_1 \frac{s}{\sqrt{n}} \ ; \ \overline{x} + c_2 \frac{s}{\sqrt{n}}]$$

$$= [12 - 1,96 \cdot \frac{2,5}{10} \ ; \ 12 + 1,96 \frac{2,5}{10}] = [11,51 \ ; \ 12,49]$$

b) Die Größe des Konfidenzintervalls ist durch

$$2 \cdot |c_1| \frac{s}{\sqrt{n}} = 2 \cdot 1,96 \frac{2,5}{10} = 0,98$$

gegeben. Für n' mit $\sqrt{n'} = 2\sqrt{n}$, d.h. für einen Stichprobenumfang von $n' = 400$ wäre das Intervall halb so groß.

000

<u>Aufgabe 74</u>

Bei einer Prüfung der Zugfestigkeit einer Drahtsorte ergab eine Stichprobe vom Umfang $n = 10$ die folgenden Werte (in g): 340, 320, 315, 305, 312, 308, 310, 290, 321, 309. Schätzen Sie daraus die Varianz der Zugfestigkeit und geben Sie ein Konfidenzintervall dafür an, unter der Voraussetzung, daß die gemessenen Werte Realisationen einer normalverteilten Zufallsvariablen sind! Die Vertrauenswahrscheinlichkeit soll 0,98 betragen.

<u>Lösung</u>
Eine erwartungstreue Schätzfunktion für die Varianz ist
$$s^2 = \frac{1}{n-1} \Sigma (X_i - \overline{X})^2.$$
Mit den angegebenen Stichprobenwerten erhält man
$$\overline{x} = 313, \quad s^2 = \frac{1}{n-1} \Sigma (x_i - \overline{x})^2 = \frac{1}{9} \cdot 1490 \approx 165,5.$$
Das Konfidenzintervall für σ^2 ist für das Niveau $1-\alpha$ veau α

$$\left[\frac{(n-1)s^2}{c_2}; \frac{(n-1)s^2}{c_1} \right],$$

wobei c_1 bzw. c_2 den $\frac{1-\alpha}{2}$-Punkt bzw. den $\frac{1+\alpha}{2}$-Punkt der $\chi^2_{(n-1)}$-Verteilung bedeuten. Mit $n = 10$ ist $c_1 \approx 2$, $c_2 \approx 22$, woraus sich für das Konfidenzintervall

$$\left[\frac{9 \cdot 165,5}{22}; \frac{9 \cdot 165,5}{2} \right] \approx [67,7; 745,0]$$

ergibt.

ooo

<u>Aufgabe 75</u>
Aus einer Stichprobe vom Umfang $n = 100$ wurden für das arithmetische Mittel und die korrigierte Stichprobenvarianz die Werte $\overline{x} = 25$ und $s^2 = 9$ errechnet. Geben Sie für das Konfidenzniveau 0,1 ein Konfidenzintervall für den Erwartungswert μ der Grundgesamtheit an!

Lösung

Bei dem hohen Stichprobenumfang liegt es nahe, für das Stichprobenmittel eine

$$N(\mu; \frac{s}{\sqrt{n}})\text{-Verteilung}$$

anzunehmen, wobei es sich bei der Streuung um eine Schätzung handelt. Mit dem 0,05-Punkt $c_1 = -1{,}645$ und dem 0,95-Punkt $c_2 = 1{,}645$ der $N(0;1)$-Verteilung ergibt sich für das Konfidenzniveau 0,1 das folgende Konfidenzintervall

$$\left[\bar{x}+c_1 \frac{s}{\sqrt{n}}\ ;\ \bar{x}+c_2 \frac{s}{\sqrt{n}}\right] = \left[25-1{,}645 \frac{3}{\sqrt{100}}\ ;\ 25+1{,}645 \frac{3}{\sqrt{100}}\right]$$

$$= [24{,}5065\ ;\ 25{,}4935]\ .$$

ooo

Aufgabe 76

Bei einer Befragung von 40 wahlberechtigten Personen entschieden sich 8 für die Partei A. Innerhalb welcher Vertrauensgrenzen liegt der Anteil der Anhänger dieser Partei bei einer Vertrauenswahrscheinlichkeit von 0,95?

Lösung

Sei p die Quote der Anhänger der Partei A in der Menge aller wahlberechtigten Personen, dann ist die Zahl N_a solcher Parteianhänger in einer Stichprobe vom Umfang n eine $B(n;p)$-verteilte Zufallsvariable. Im Falle $np \geq 5$, $n(1-p) \geq 5$ läßt sich diese Binomialverteilung durch eine Normalverteilung approximieren. In unserem Fall ist p unbekannt. Wir schätzen es durch $\hat{p} = 8/40 = 0{,}2$ und schließen aus $0{,}2 \cdot 40 = 8 > 5$ und $0{,}8 \cdot 40 = 32 > 5$ auf die Zulässigkeit dieser Approximation. Unter der Annahme, daß die Auswahl der Befragten Stichprobencharakter habe, bestimmen wir das gesuchte Vertrauensintervall als solches einer normalverteilten Zufallsvariablen mit der Streuung

$$(\hat{p}(1-\hat{p})/n)^{1/2} = \sqrt{\frac{0{,}2 \cdot 0{,}8}{40}} \approx 0{,}063 \;.$$

Mit den Werten $-1{,}96$ bzw. $1{,}96$ für den $0{,}025$-Punkt bzw. $0{,}975$-Punkt ergibt sich das Vertrauensintervall
$$[0{,}2-1{,}96 \cdot 0{,}063 \,;\, 0{,}2+1{,}96 \cdot 0{,}063] \approx [0{,}08\,;\,0{,}32] \;.$$

ooo

Abschnitt 17

AUFGABEN ÜBER DEN t-TEST

Gegenstand von Signifikanztests sind sogenannten Nullhypothesen H_o, d.h. Annahmen über Verteilungen von Grundgesamtheiten, über deren Ablehnung oder Nichtablehnung aufgrund von Stichproben zu entscheiden ist. Die Wahrscheinlichkeit für einen Test zur Ablehnung einer zutreffenden Hypothese zu führen (Fehler 1. Art) heißt dessen Signifikanzniveau α. Dieses wird vorgegeben. Üblich sind Signifikanzniveaus von 0,05 oder 0,01. Eine Testfunktion ist eine Funktion der Stichprobenvariablen, die auf der Basis der Nullhypothese formuliert wird und deren Verteilung exakt oder approximativ bekannt ist. Der kritische Bereich besteht bei einseitigen Tests aus einem, bei zweiseitigen Tests aus zwei Intervallen. Die kritischen Werte sind Zahlen, die den kritischen Bereich als Intervallgrenzen charakterisieren und die so gewählt werden, daß bei zutreffender Nullhypothese die Realisierung der Testfunktion (Testwert) mit der Wahrscheinlichkeit α in den kritischen Bereich fällt. Die Entscheidungsregel besagt, daß in diesem Fall H_o abzulehnen ist. Bei den hier behandelten t-Tests (so genannt, weil die jeweilige Testfunktion t-verteilt ist) handelt es sich um zweiseitige Tests. In der folgenden Tabelle sind einige Hypothesen und die zugehörigen Testfunktionen für zweiseitige t-Tests zusammengestellt.

Hypo-these	Verteilung der Grundgesamtheit	Testfunktion	Verteilung der Testfunktion
$\mu = \mu_0$	$N(\mu; \sigma)$	$\dfrac{\overline{X}-\mu}{S}\sqrt{n}$	$t_{(n-1)}$
$\rho = 0$	$N(\mu, \mu^*; \sigma, \sigma^*; \rho)$	$\dfrac{R}{\sqrt{1-R^2}}\sqrt{n}$	$t_{(n-2)}$
$\mu_1 = \mu_2$	$N(\mu_1; \sigma)$ $N(\mu_2; \sigma)$	$\dfrac{(\overline{X}-\overline{Y})\sqrt{\frac{nm(n+m-2)}{n+m}}}{\sqrt{(n-1)S_1^2+(m-1)S_2^2}}$	$t_{(n+m-2)}$

S ist die korrigierte Stichprobenstreuung. R ist der Bravais-Pearson'sche Stichprobenkorrelationskoeffizient. Beim dritten Test bedeuten n und m die jeweiligen Stichprobenumfänge aus den beiden Grundgesamtheiten.

Aufgabe 77

Der Koffeingehalt eines Arzneimittels in g/100 ml ist Schwankungen unterworfen. Bei der Untersuchung des Inhalts von 10 Packungen dieses Arzneimittels ergaben sich folgende Werte hierfür: 0,39 ; 0,35 ; 0,37 ; 0,36 ; 0,34 ; 0,35 ; 0,35 ; 0,37 ; 0,36 ; 0,36 . Es sei angenommen, daß sich der Koffeingehalt durch eine normalverteilte Zufallsvariable X beschreiben läßt. Testen Sie auf einem Signifikanzniveau von α = 0,1 die Hypothese, daß der durchschnittliche Koffeingehalt 0,35 g/100 ml beträgt!

Lösung

Die Nullhypothese lautet H_o: $\mathcal{E}(X) = \mu_o = 0,35$. Aufgrund der Verteilungsannahmen über X ist im Falle zutreffender Hypothese die Testvariable

$$V = \frac{\overline{X} - \mu_o}{S} \sqrt{n}$$

$t_{(n-1)}$-verteilt, wenn S die korrigierte Stichprobenstreuung bedeutet. Für die obige Stichprobe ergeben sich die Werte n = 10, $\overline{x}$ = 0,36 und s^2 = 0,0002 und daraus

$$v = \frac{0,36 - 0,35}{\sqrt{0,0002}} \sqrt{10} \approx 2,23 \ .$$

Für den kritischen Wert $c_{0,1}$, definiert durch

$$W\{|t_9| > c_{0,1}\} = 0,1 \ ,$$

ergibt sich aus der Tabelle der t_9-Verteilung $c_{0,1} \approx 1,83$. Wegen $|v| > 1,83$ ist H_o auf dem Signifikanzniveau von 0,1 abzulehnen.

ooo

Aufgabe 78

Für die Merkmale X und Y ergab eine Zufallsstichprobe aus einer zweidimensional normalverteilten Grundgesamtheit die Beobachtungswerte

i	1	2	3	4	5	6	7
x_i	4	2	4	4	6	7	8
y_i	5	4	3	6	8	9	7

Testen Sie auf einem Signifikanzniveau von $\alpha = 0{,}05$ die Hypothese, daß der Korrelationskoeffizient ρ von X und Y gleich Null ist!

Lösung

Unter $H_o : \rho = 0$ ist für den Stichprobenumfang n die Stichprobenfunktion

$$V = \frac{R}{\sqrt{1-R^2}} \sqrt{n-2}$$

mit

$$R = \frac{\Sigma (X_i - \overline{X})(Y_i - \overline{Y})}{\sqrt{\Sigma (X_i - \overline{X})^2 \Sigma (Y_i - \overline{Y})^2}}$$

$t_{(n-2)}$-verteilt. Der Berechnung des Testwertes dient die folgende Arbeitstabelle

i	x_i	y_i	$x_i - \overline{x}$	$y - \overline{y}$	$(x_i - \overline{x})(y_i - \overline{y})$	$(x_i - \overline{x})^2$	$(y_i - \overline{y})^2$
1	4	5	-1	-1	1	1	1
2	2	4	-3	-2	6	9	4
3	4	3	-1	-3	3	1	9
4	4	6	-1	0	0	1	0
5	6	8	1	2	2	1	4
6	7	9	2	3	6	4	9
7	8	7	3	1	3	9	1
Σ	35 $\overline{x}=5$	42 $\overline{x}=6$	0	0	21	26	28

aus der sich

$$r = \frac{21}{\sqrt{26 \cdot 28}} \approx 0{,}78$$

und

$$v = \frac{0{,}78}{\sqrt{1-0{,}78^2}} \sqrt{7-2} \approx 2{,}8$$

ergibt. Der kritische Wert $c_{0,05}$ ist definiert durch

$$W\{|t_5| > c_{0,05}\} = 0{,}05 \ .$$

Aus der Tabelle findet man $c_{0,05} \approx 2{,}56$. Wegen $|v| \approx 2{,}8 > c_{0,05} \approx 2{,}56$ ist H_0 auf einem Signifikanzniveau von 0,05 abzulehnen.

ooo

Aufgabe 79

Professor Meyer, ein Jurist, meint, daß Leistungen in Jurisprudenz in keinem Zusammenhang mit Leistungen in Volkswirtschaftslehre stünden. Sein Kollege Müller, ein Volkswirt, ist gegenteiliger Ansicht. Bei den Klausuren im Abschlußexamen ergaben sich in den beiden Fächern die folgenden Leistungspunkte

Kandidat i	1	2	3	4	5	6	7	8
Punkte x_i in Recht	95	80	90	105	95	90	85	80
Punkte y_i in VWL	99	84	84	113	94	93	79	82

Versuchen Sie die Kontroverse zwischen den beiden Herren statistisch zu objektivieren!

Lösung

Wir fassen das Klausurergebnis als Stichprobe vom Umfang n = 8 aus einer zweidimensionalen normalverteilten Grundgesamtheit mit dem Korrelationskoeffizienten ρ auf und testen die Hypothese $H_0 : \rho = 0$. Zur Berechnung des Testwertes der unter H_0 t_6-verteilten Testfunktion

$$V = \frac{1}{\sqrt{1-R^2}} \sqrt{n-2}$$

mit

$$R = \frac{\Sigma(X_i-\bar{X})(Y_i-\bar{Y})}{\sqrt{\Sigma(X_i-\bar{X})^2 \Sigma(Y_i-\bar{Y})^2}}$$

benutzen wir die Arbeitstabelle

i	x_i	y_i	$x_i-\bar{x}$	$y_i-\bar{y}$	$(x_i-\bar{x})(y_i-\bar{y})$	$(x_i-\bar{x})^2$	$(y_i-\bar{y})^2$
1	95	99	5	8	40	25	64
2	80	84	-10	-7	70	100	49
3	90	84	0	-7	0	0	49
4	105	113	15	22	330	225	484
5	95	94	5	3	15	25	9
6	90	93	0	2	0	0	4
7	85	79	-5	-12	60	25	144
8	80	82	-10	-9	90	100	81
Σ	$\bar{x}=90$	$\bar{y}=91$	0	0	605	500	884

Daraus resultiert

$$r = \frac{605}{\sqrt{500 \cdot 884}} \approx 0{,}91 \; ,$$

$$v = \frac{0{,}91}{\sqrt{1-0{,}91^2}} \sqrt{6} \approx 5{,}44 \; .$$

Für ein Signifikanzniveau von 0,05 ist der kritische Wert definiert durch $W\{|t_6|>c_{0,05}\} = 0{,}05$. Er bestimmt sich aus der Tabelle zu $\approx 2{,}45$. Wegen $|v|>c_{0,05}$ ist demnach die Meyer-Hypothese bezüglich der Unabhängigkeit der beiden Leistungen auf einem Signifikanzniveau von 0,05 abzulehnen.

Aufgabe 80

Bei der Herstellung von Stahlbolzen ergab sich für deren Länge in cm aus einer Stichprobe (n_v=12) vor der Umrüstung der Anlage $\bar{x}_v$ = 20, s_v^2 = 4 und aus einer Stichprobe nach der Umrüstung (n_n = 14) $\bar{x}_n$ = 22, s_n^2 = 9. Die s^2 bezeichnen jeweils die korrigierten mittleren quadratischen Abweichungen in den Stichproben. Testen Sie auf einem Signifikanzniveau 0,05 die Hypothese, daß die mittlere Bolzenlänge in der Produktion sich durch die Umrüstung nicht geändert hat, unter der Annahme, daß die Verteilung der Bolzenlänge vor und nach der Umrüstung von gleicher Varianz und normal sei!

Lösung

Seien X_v und X_n die Zufallsvariablen, welche die Bolzenlänge vor und nach der Umrüstung beschreiben, dann heißt die Nullhypothese $H_o : \mathcal{E}(X_v) = \mathcal{E}(X_n)$. Als Testfunktion bietet sich das unter H_o $t_{(n_v+n_n-2)}$-verteilte

$$v = \frac{20-22}{\sqrt{11 \cdot 4 + 13 \cdot 9}} \sqrt{\frac{12 \cdot 14}{12+14}(12+14-2)} \approx -1{,}96$$

an. Sein Stichprobenwert ist

$$v = \frac{20-22}{\sqrt{11 \cdot 4 + 13 \cdot 9}} \sqrt{\frac{12 \cdot 14}{12+14}(12+14-2)} \approx 1{,}96 \; .$$

Der kritische Wert für das Signifikanzniveau 0,05, definiert durch $W\{|t_{24}| > c_{0,05}\} = 0{,}05$, beträgt $c_{0,05} \approx 2{,}06$. Wegen $|v| < c_{0,05}$ kann die Hypothese $\mathcal{E}(X_v) = \mathcal{E}(X_n)$ auf diesem Niveau nicht abgelehnt werden.

ooo

Aufgabe 81

In einem Betrieb wurde seither ein bestimmter Arbeitsgang nach der Methode A durchgeführt und man erwägt eine neue Methode B einzuführen. Bei 1o zufällig ausgewählten Arbeitern ergab sich für die Methode A eine durchschnittliche Arbeitszeit $\overline{x}_A$ von 21 Sekunden pro Werkstück. Die korrigierte mittlere quadratische Abweichung in der Stichprobe war $s_A^2 = 2$. Für die Methode B ergab sich bei 1o zufällig ausgewählten Arbeitern $\overline{x}_B = 23$ und $s_B^2 = 12/9$. Testen Sie unter der Annahme, daß die die Arbeitszeit beschreibenden Zufallsvariablen X_A und X_B von gleicher Varianz und normalverteilt sind auf einem Signifikanzniveau von 0,05 die Hypothese $\mathcal{E}(X_A) = \mathcal{E}(X_B)$!

Lösung

Unter $H_o : \mathcal{E}(X_A) = \mathcal{E}(X_B)$ ist

$$V = \frac{\overline{X}_A - \overline{X}_B}{\sqrt{(n-1)S_A^2 + (n-1)S_B^2}} \sqrt{\frac{n^2}{2n}(2n-2)}$$

$t_{(n-2)}$-verteilt. Als Testwert ergibt sich in unserem Falle

$$v = \frac{21-23}{\sqrt{9 \cdot 2 + 9 \cdot \frac{12}{9}}} \sqrt{\frac{100}{20}(18)} \approx -3,48 \ .$$

Der Wert $c_{0,05}$ aus

$$W\{|t_n| > c_{0,05}\} = 0,05$$

beträgt für n = 18 $c_{0,05} \approx 2,1$. Wegen $|v| > c_{0,05}$ ist H_o auf diesem Signifikanzniveau abzulehnen.

ooo

Abschnitt 18

AUFGABEN ÜBER ASYMPTOTISCH NORMALVERTEILTE TESTFUNKTIONEN

Häufig sind die Testfunktionen asymptotisch normalverteilt. In diesen Fällen versucht man mit der approximierenden Normalverteilung auszukommen. Wesentlich ist dabei die Einhaltung der Approximationsbedingungen. In der folgenden Tabelle sind einige solche Anwendungsbeispiele zusammengestellt.

Hypothese	Verteilung der Grundgesamtheit	Testfunktion	Verteilung der Testfunktion	Approximationsbedingung
$\mu = \mu_0$	beliebig	$\frac{\overline{X}-\mu}{\sigma}\sqrt{n}$	asymptotisch $N(o;1)$	$n > 30$
$p = p_0$	$B(1;p)$	$\frac{\overline{X}-p_0}{\sqrt{p(1-p)}}\sqrt{n}$	asymptotisch $N(o;1)$	$n(1-p) \geq 5$ $np \geq 5$
$\mu_1 = \mu_2$	beliebig	$\frac{\overline{X}-\overline{Y}}{\sigma\sqrt{\frac{1}{n}+\frac{1}{m}}}$	asymptotisch $N(o;1)$	$n > 30$ $m > 30$
$p_1 = p_2$	$B(1;p_1)$ $B(1;p_2)$	$\frac{\overline{X}-\overline{Y}}{\sqrt{p(1-p)(\frac{1}{n}+\frac{1}{m})}}$	asymptotisch $N(o;1)$	$np \geq 5$ $n(1-p) \geq 5$ $mp \geq 5$ $m(1-p) \geq 5$

Ist beim ersten Test σ nicht bekannt, so wird für σ der Schätzwert

$$\hat{\sigma} = \sqrt{\frac{\Sigma(x_i - \overline{x})^2}{n-1}}$$

benutzt. Ist beim zweiten Test p nicht bekannt, so wird für p der Schätzwert $\hat{p} = \overline{x}$ benutzt. Ist beim dritten Test σ nicht bekannt, so wird für σ der Schätzwert

$$\hat{\sigma} = \sqrt{\frac{(n-1)\hat{\sigma}_1^2 + (m-1)\hat{\sigma}_2^2}{n+m-2}}$$

benutzt. $\hat{\sigma}_1^2$ und $\hat{\sigma}_2^2$ sind aus den Stichproben bestimmte

Schätzwerte für σ^2. Ist beim vierten Test p nicht bekannt, so wird für p der Schätzwert

$$\hat{p} = \frac{n\hat{p}_1 + m\hat{p}_2}{n+m}$$

benutzt. $\hat{p}_1$ und $\hat{p}_2$ sind aus den Stichproben bestimmte Schätzwerte für p.

Aufgabe 82

Eine Firma, die in die Bundesrepublik eine spezielle Sorte halbfermentierten Tees importiert und abpackt, gibt auf den Packungen ein Nettogewicht von 113 g an. Eine Stichprobe vom Umfang n = 4o Packungen dieser Teesorte ergab für das Mittel der Nettogewichte X und deren korrigierte mittlere quadratische Abweichung die Werte $\bar{x}$ = 11o und s^2 = 12,25. Testen Sie auf einem Signifikanzniveau von o,1 die Hypothese, daß das auf den Packungen angegebene Nettogewicht das durchschnittliche Nettogewicht der Packungen sei!

Lösung

Sei X die das Nettogewicht beschreibende Zufallsvariable, so lautet die Nullhypothese $H_o : \mathcal{E}(X) = \mu_o = 113$. Nach dem Zentralen Grenzwertsatz ist $\bar{X}$ asymptotisch normalverteilt. Unter der angenommenen Hypothese und nach den Approximationsbedingungen (n > 3o) kann für

$$V = \frac{\bar{X} - \mu_o}{\sigma} \sqrt{n}$$

eine N(o;1)-Verteilung angenommen werden. Da indessen σ unbekannt ist, ergibt sich für den Testwert die Schätzung

$$|\hat{v}| = \frac{\bar{x} - \mu_o}{s} \sqrt{n} = \frac{11o - 113}{3,5} \sqrt{4o} \approx 5,5.$$

Der kritische Wert für das Signifikanzniveau o,1 ist durch die folgende Wahrscheinlichkeit für die N(o;1)-verteilte Zufallsvariable Z definiert

$$W\{|Z| > c_{o,1}\} = o,1$$

und beträgt $c_{o,1}$ = 1,645. Wegen $|\hat{v}| > c_{o,1}$ ist H_o auf dem Signifikanzniveau o,1 abzulehnen.

ooo

Aufgabe 83

Eine Kundin einer Lebensmittelabteilung eines Warenhauses beklagt sich, die Körbchen mit Süßkirschen - ausgezeichnet mit "500 g/DM 1,98"- enthielten zu wenig. Um der Beschwerde nachzugehen, läßt der Abteilungsleiter den Inhalt von 50 Körbchen nachwiegen und errechnet für das arithmetische Mittel und die korrigierte mittlere quadratische Abweichung die Werte $\overline{x}$ = 490 g bzw. s^2 = 36g^2. Testen Sie auf einem Signifikanzniveau von 0,01 die Hypothese, daß der durchschnittliche Inhalt der Körbchen 500 g betrage!

Lösung

Die Nullhypothese ist $H_0 : \mathcal{E}(X) = \mu_0 = 500$. Wie in Aufgabe 82 ergibt sich für die asymptotische $N(0;1)$-verteilte Testfunktion

$$V = \frac{\overline{X}-\mu_0}{\sigma} \sqrt{n} \quad ,$$

da σ unbekannt ist, die folgende Schätzung für den Testwert

$$\hat{v} = \frac{\overline{x}-\mu_0}{s} \sqrt{n} = \frac{490-500}{6} \sqrt{50} \approx -11,7 \quad .$$

Der kritische Wert $c_{0,01}$ ist gleich dem 0,995-Punkt der $N(0;1)$-Verteilung: $c_{0,01}$ = 2,575. Wegen $|\hat{v}| > c_{0,01}$ ist die Hypothese auf dem Niveau 0,01 abzulehnen.

ooo

Aufgabe 84

Ein Verlag plant, eine neue Zeitschrift herauszubringen. Nachdem die Zeitschrift bereits seit drei Monaten auf einem bestimmten Testmarkt vertrieben wird, werden 100 zufällig ausgewählte Käufer dieses Testmarktes befragt, ob sie diese Zeitschrift kennen. 20 von ihnen bejahen die Frage. Testen Sie auf einem Signifikanzniveau von 0,05 die Hypothese, daß 25 % der Käufer dieses Testmarktes die fragliche Zeitschrift kennen!

Lösung
Beschreibe $X = 1$ die positive, $X = 0$ die negative Antwort eines Befragten auf dem Testmarkt und sei der Anteil der Kenner der neuen Zeitschrift $p \cdot 100$ %, dann ist die Stichprobenvariable X $B(1;p)$-verteilt. Die Nullhypothese lautet $H_o : p = p_o = 0,25$. Unter den Approximationsbedingungen $np \geq 5$, $n(1-p) \geq 5$ kann die Verteilung der Testfunktion

$$V = \frac{\overline{X}-p_o}{\sqrt{p(1-p)}} \sqrt{n}$$

durch die $N(0;1)$-Verteilung ersetzt werden. Da jedoch p unbekannt ist, muß es in den obigen Formeln durch $\hat{p} = 20/100 = 0,2$ geschätzt werden. Es ergeben sich dann als Schätzungen für die Approximationsbedingungen $n\hat{p} = 100 \cdot 0,2 = 20 > 5$, $n(1-\hat{p}) = 100 \cdot 0,8 = 80 > 5$ und als Schätzung für den Testwert

$$\hat{v} = \frac{\hat{p}-p_o}{\sqrt{\hat{p}(1-\hat{p})}} \sqrt{n} = \frac{0,2-0,25}{\sqrt{0,2-0,8}} \sqrt{100} = -1,25$$

Der kritische Wert ist für das Signifikanzniveau 0,05 der 0,975-Punkt der $N(0;1)$-Verteilung: $c_{0,05} = 1,96$. Wegen $|\hat{v}| < c_{0,05}$ kann die Hypothese auf diesem Signifikanzniveau nicht abgelehnt werden.

000

Aufgabe 85
Die Leitung eines Großbetriebes möchte wissen, ob die Be-

legschaft mit dem Kantinenessen zufrieden ist. Bei der Befragung von 100 zufällig ausgewählten Arbeitnehmern haben 15 ihre Zufriedenheit geäußert. Testen Sie auf einem Signifikanzniveau von 0,01 die Hypothese, daß 20 % der Belegschaft mit dem Kantinenessen zufrieden ist!

<u>Lösung</u>
Die die Antworten ($X = 1$ für "zufrieden" und $X = 0$ für "unzufrieden") beschreibende Zufallsvariable ist $B(1;p)$-verteilt. Die Nullhypothese lautet $H_0 : p = p_0 = 0,2$. Wiederum (vgl. Aufgabe 84) können der Wert der Testfunktion und die Approximationsbedingungen nicht genau angegeben werden, da p unbekannt ist. Mit dem Schätzwert $\hat{p} = 0,15$ ergeben sich $n\hat{p} = 100 \cdot 0,15 = 15 > 5$, $n(1-\hat{p}) = 100 \cdot 0,85 = 85 > 5$,

$$\hat{v} = \frac{\hat{p}-p_0}{\sqrt{\hat{p}(1-\hat{p})}} \sqrt{n} = \frac{0,15-0,20}{\sqrt{0,15 \cdot 0,85}} \sqrt{100} \approx -1,4 \ .$$

Der kritische Wert für das Signifikanzniveau 0,01 ist gleich dem 0,995-Punkt der $N(0;1)$-Verteilung und beträgt 2,575, so daß auf diesem Niveau wegen $|\hat{v}| < 2,575$ die Hypothese nicht abgelehnt werden kann.

ooo

<u>Aufgabe 86</u>
Nach Aufhebung der Preisbindung will sich der Hersteller eines Elektrogerätes über die Endverkaufspreise in München und in Frankfurt informieren. Die Erhebung der Preise in 50 bzw. 60 zufällig ausgewählten Geschäften in München bzw. in Frankfurt ergab die folgenden arithmetischen Mit-

tel und die folgenden korrigierten mittleren quadratischen Abweichungen in den beiden Stichproben: $\bar{x}_M = 670$, $\bar{x}_F = 690$, $s_M^2 = 16$, $s_F^2 = 9$. Testen Sie unter der Annahme gleicher Varianz für X_M und X_F auf einem Signifikanzniveau von 0,05 die Hypothese, daß sich die durchschnittlichen Verkaufspreise in München und in Frankfurt nicht unterscheiden!

<u>Lösung</u>
Die Nullhypothese besagt, daß die Erwartungswerte $\mathcal{E}(X_M)$ und $\mathcal{E}(X_F)$ gleich sind. Wegen der Größe der Stichproben $n_M = 50$, $n_F = 60$ kann die Testfunktion

$$V = \frac{\bar{X}_M - \bar{X}_F}{\sigma \sqrt{\frac{1}{n_M} + \frac{1}{n_F}}}$$

als $N(0;1)$-verteilt angenommen werden. Da σ unbekannt ist, ergibt sich für den Testwert die Schätzung

$$\hat{v} = \frac{\bar{x}_M - \bar{x}_F}{s \sqrt{\frac{1}{n_M} + \frac{1}{n_F}}}$$

mit

$$s = \sqrt{\frac{(n_M-1)s_M^2 + (n_F-1)s_F^2}{n_M + n_F - 2}} = \sqrt{\frac{49 \cdot 16 + 59 \cdot 9}{50 + 60 - 2}} \approx 3,5 \ .$$

Es ist

$$\hat{v} \approx \frac{670 - 690}{3,5\sqrt{\frac{1}{50} + \frac{1}{60}}} \approx -2,98 \ .$$

Der kritische Wert für das Signifikanzniveau 0,05 ist der 0,975-Punkt der $N(0;1)$-Verteilung. Er beträgt 1,96, so daß wegen $|\hat{v}| > 1,96$ die Hypothese auf diesem Signifikanzniveau abzulehnen ist.

ooo

Aufgabe 87

Ein Meinungsforschungsinstitut führt eine schriftliche Befragung im Bundesgebiet durch. Versendet werden Fragebögen an 400 zufällig ausgewählte Personen, von denen 200 in ländlichen und 200 in städtischen Bezirken leben. Das Institut erhält 140 bzw. 160 Fragebögen ausgefüllt zurück. Testen Sie auf einem Signifikanzniveau von 0,05 die Hypothese daß die Nichtbeantwortungsquoten gleich sind!

Lösung

Für die ländlichen Bezirke beschreibe die Zufallsvariable X (mit X = 1 für "Nicht-Beantwortung", X = 0 für "Beantwortung") und für die städtischen Bezirke die Zufallsvariable Y (mit Y = 1 für "Nicht-Beantwortung", Y = 0 für "Beantwortung") das Testergebnis. Damit ist $\bar{x} = 0,3$ und $\bar{y} = 0,2$. X ist $B(1;p_1)$ und Y ist $B(1;p_s)$-verteilt. Die Nullhypothese ist $H_0 : p_1 = p_s$, unter der im Falle $p_1 = p_s = p$ die Testfunktion

$$V = \frac{\bar{X} - \bar{Y}}{\sqrt{p(1-p)(\frac{1}{n_1} + \frac{1}{n_s})}}$$

asymptotisch $N(0;1)$-verteilt ist. Die Approximationsbedingungen sind $n_1 p$, $n_1(1-p)$, $n_s p$, $n_s(1-p) \geq 5$. Da p unbekannt ist, setzen wir statt dessen den Schätzwert

$$\hat{p} = \frac{n_1 \bar{x} + n_s \bar{y}}{n_1 + n_s} = \frac{200 \cdot 0,3 + 200 \cdot 0,2}{200 + 200} = 0,25$$

ein, der diese Bedingungen erfüllt. Damit ergibt sich

$$\hat{v} = \frac{0,3 - 0,2}{\sqrt{0,25(1-0,25)(\frac{1}{200} + \frac{1}{200})}} \approx 2,3 .$$

Der kritische Wert für das Signifikanzniveau 0,05 ist der 0,975-Punkt der $N(0;1)$-Verteilung. Er beträgt 1,96. Wegen $|\hat{v}| > 1,96$ wird die Hypothese auf dem Signifikanzniveau von 0,05 abgelehnt.

ooo

Aufgabe 88

In einem Zulieferbetrieb eines Automobilwerkes werden Vergaserdüsen auf zwei funktionsgleichen Anlagen hergestellt. Um festzustellen, ob diese Anlagen qualitativ gleichwertig sind, werden aus der laufenden Produktion jeweils 100 Vergaserdüsen zufällig entnommen. Von den auf Anlage I hergestellten Vergaserdüsen entsprechen 15 nicht den Qualitätsanforderungen, von den auf Anlage II hergestellten 11. Testen Sie auf einem Signifikanzniveau von $\alpha = 0{,}05$ die Hypothese, daß diese Anlagen sich qualitativ nicht unterscheiden!

Lösung

Sei X_1 die Zufallsvariable (mit $X_1 = 1$ für "Ausschuß" und $X_1 = 0$ für "Nicht-Ausschuß"), die das Produktionsergebnis auf der Anlage I beschreibt und X_2 die Zufallsvariable (mit $X_2 = 1$ für "Ausschuß" und $X_2 = 0$ für "Nicht-Ausschuß"), die das Produktionsergebnis auf der Anlage II beschreibt, dann ist X_1 $B(1;p_1)$ und X_2 $B(1;p_2)$-verteilt. Es ist $\bar{x}_1 = 0{,}15$ und $\bar{x}_2 = 0{,}11$. Die Stichprobenumfänge sind $n_1 = 100$ bzw. $n_2 = 100$. Die Nullhypothese lautet $H_0 : p_1 = p_2 = p$. Unter dieser Hypothese ist

$$V = \frac{\bar{x}_1 - \bar{x}_2}{\sqrt{p(1-p)(\frac{1}{n_1} + \frac{1}{n_2})}}$$

asymptotisch $N(0;1)$-verteilt. Die Approximation ist statthaft für $n_1 p$, $n_1(1-p)$, $n_2 p$, $n_2(1-p) \geq 5$. Da p unbekannt ist, schätzen wir es nach der Formel

$$\hat{p} = \frac{n_1 \bar{x}_1 + n_2 \bar{x}_2}{n_1 + n_2} = \frac{100 \cdot 0{,}15 \cdot 100 \cdot 0{,}11}{100 + 100} = 0{,}13 \ .$$

Für diesen Wert sind auch die Approximationsbedingungen erfüllt, denn es gilt $100 \cdot 0{,}13 = 13$, $100 \cdot 0{,}87 = 87$. Für den Testwert ergibt sich

$$\hat{v} = \frac{\bar{x}_1 - \bar{x}_2}{\sqrt{\hat{p}(1-\hat{p})(\frac{1}{n_1} + \frac{1}{n_2})}} = \frac{0,15-0,11}{\sqrt{0,13(1-0,13)(\frac{1}{100} + \frac{1}{100})}} \approx 0,84.$$

Der kritische Wert für das Signifikanzniveau 0,05 ist der 0,975-Punkt der N(0;1)-Verteilung. Er beträgt 1,96. Wegen $|\hat{v}| < 1,96$ kann die Hypothese auf dem obigen Signifikanzniveau nicht abgelehnt werden.

000

Aufgabe 89
Eine Kfz-Werkstatt schreibt jedes Jahr im Oktober 100 zufällig ausgewählte Kunden an und befragt sie, ob sie mit der in der Werkstatt geleisteten Arbeit in den letzten zwölf Monaten zufrieden waren. 1973 äußerten 30 % der Kunden ihre Zufriedenheit, 1974 waren es 25 %. Nehmen Sie zu der Fragestellung, ob der Unterschied in den Ergebnissen lediglich auf Zufall beruht oder als signifikant anzusehen ist. Signifikanzniveu: 0,01.

<u>Lösung</u>
Die beiden durch die Wahrscheinlichkeitsfunktion

X_1	$W(X_1)$	X_2	$W(X_2)$	Bedeutung
1	p_1	1	p_2	zufrieden
0	$1-p_1$	0	$1-p_2$	unzufrieden

beschriebenen Zufallsvariablen sollen die Zufriedenheit der Kunden im Jahr 1973 bzw. 1974 beschreiben. Sie sind $B(1;p_1)$ bzw. $B(1;p_2)$-verteilt. Im Falle $p_1 = p_2 = p$ wäre das Befragungsergebnis ein zufälliges, im Falle $p_1 \neq p_2$

ein systematisches. Wir wählen die Nullhypothese $p_1=p_2=p$.
Unter dieser Hypothese ist V asymptotisch normalverteilt.

$$V = \frac{\overline{x}_1-\overline{x}_2}{\sqrt{p(1-p)(\frac{1}{n_1} + \frac{1}{n_2})}}.$$

Es ist $\overline{x}_1 = 0{,}3$ und $\overline{x}_2 = 0{,}25$, woraus wir den Schätzwert $\hat{p}$ für das unbekannte p ermitteln

$$\hat{p} = (\overline{x}_1 n_1 + \overline{x}_2 n_2)/(n_1+n_2)$$
$$= (0{,}3 \cdot 100 + 0{,}25 \cdot 100)/(100+100) = 0{,}275,$$

und damit die Schätzung für den Testwert

$$\hat{v} = \frac{\overline{x}_1-\overline{x}_2}{\sqrt{\hat{p}(1-\hat{p})(\frac{1}{n_1} + \frac{1}{n_2})}} = \frac{0{,}3 - 0{,}25}{\sqrt{0{,}275(1-0{,}275)(\frac{1}{100} + \frac{1}{100})}}$$

$$\approx 0{,}75$$

erhalten. Die Approximationsbedingungen sind erfüllt wegen $100 \cdot 0{,}275 = 27{,}5$, $100 \cdot 0{,}725 = 72{,}5 > 5$. Der kritische Wert für das Signifikanzniveau 0,01, d.i. der 0,995-Punkt der $N(0;1)$-Verteilung beträgt 2,575, so daß wegen $|\hat{v}| < 2{,}575$ die Hypothese auf dem o.a. Niveau nicht abgelehnt werden kann.

ooo

<u>Aufgabe 9o</u>
Zwei Urnen enthalten je 1ooo teils schwarze teils rote Kugeln. Aus beiden Urnen werden Stichproben mit Zurücklegen vom Umfang 1oo bezogen und in beiden Fällen finden sich jeweils 13 schwarze Kugeln in den Stichproben. Versuchen Sie die naheliegende Hypothese zu testen, daß sich in den beiden Urnen gleich viel rote Kugeln befinden!

Lösung

Die Zufallsvariablen X_i mit den möglichen Werten 1 (schwarze Kugel) und o (rote Kugel) beschreiben das Ergebnis der Ziehung einer Kugel aus der Urne i. Sie sind $B(1;p_i)$-verteilt und die Hypothese, daß sich in den beiden Urnen gleich viele rote Kugeln befinden, ist identisch mit der Hypothese $p_1 = p_2 = p$. In unserem Fall nimmt die asymptotisch $N(o;1)$-verteilte Testfunktion den Wert

$$\hat{v} = \frac{\overline{x}_1 - \overline{x}_2}{\sqrt{p(1-p)(\frac{1}{n} + \frac{1}{m})}} = \frac{0,13 - 0,13}{\sqrt{p(1-p)(\frac{1}{100} + \frac{1}{100})}} = 0$$

an. Da aber für jedes positive Signifikanzniveau α der kritische Wert c_α positiv ist, kann in keinem Falle, da stets $|\hat{v}| < c_\alpha$ gilt, die Hypothese abgelehnt werden.

ooo

Abschnitt 19

AUFGABEN ÜBER EINFACHE VARIANZANALYSE UND χ^2-TEST

Die Nullhypothese bei der einfachen Varianzanalyse bezieht sich auf r normalverteilte Grundgesamtheiten mit gleicher Streuung und nimmt die Gleichheit der r Erwartungswerte μ_i an.

X_{ik} sei die k-te Stichprobenvariable aus der i-ten Grundgesamtheit $k = 1,\ldots,n_i$, $i = 1,\ldots,r$,

$\overline{X}_i$ sei das Stichprobenmittel aus der i-ten Grundgesamtheit,

$\overline{X}$ sei das Mittel aller Stichprobenvariablen.

Unter der Annahme der Nullhypothese ist die Testfunktion

$$V = \frac{\frac{1}{r-1} \sum_{i=1}^{r}(\overline{X}_i - \overline{X})^2 n_i}{\frac{1}{n-r} \sum_{i=1}^{r}\sum_{k=1}^{n_i}(X_{ik}-\overline{X}_i)^2}$$

F_{n-r}^{r-1}-verteilt. Ist c_α der $(1-\alpha)$ Punkt der F_{n-r}^{r-1}-Verteilung, so lautet die Entscheidungsregel: H_0 ist abzulehnen, wenn für die Realisierung der Testvariablen gilt $c_\alpha \leq v$. Es handelt sich um einen einseitigen F-Test.

Beim χ^2-Test nimmt die Nullhypothese eine bestimmte Verteilung F der Grundgesamtheit an. $I_1, I_2, \ldots, I_m$ sei eine Zerlegung von $\mathfrak{R}$, für die die mittels F berechneten Wahrscheinlichkeiten $W(X \in I_k) = p_k$, $k = 1,\ldots,m$ alle positiv sind. Sei N_k die Anzahl der Stichprobenwerte, die bei einer Stichprobe vom Umfang n in das Intervall I_k fallen, dann gilt unter der Nullhypothese $\mathcal{E}(N_k) = np_k$ und die Folge von Stichprobenfunktionen

$$V_n = \sum_{k=1}^{m} \frac{(N_k - np_k)^2}{np_k} \qquad k = 1,\ldots,m$$

ist asymptotisch $\chi^2_{(m-1)}$-verteilt. Sei α das Signifikanzniveau und c_α der $(1-\alpha)$-Punkt der $\chi^2_{(m-1)}$-Verteilung, dann lautet die Entscheidungsregel: H_0 ist abzulehnen für $c_\alpha \leq v_n$. Es handelt sich also um einen einseitigen approximativen χ^2-Test, dessen Anwendung für $np_k \geq 5$, $k = 1,\ldots,m$ als zulässig angesehen wird.

Aufgabe 91

Der Leiter eines Supermarktes, der in Bochum drei Filialen hat, möchte wissen, ob sich die durchschnittlichen Tagesumsätze dieser Filialen unterscheiden. Um diese Frage zu beantworten, werden je fünf Tagesumsätze des Jahres 1973 zufällig ausgewählt. Die Tabelle zeigt die Umsätze x_{ik} (in Tsd DM) der Filialen i (i = 1,2,3) an den Tagen k(k = 1,2,3,4,5)

x_{ik}	k: 1	2	3	4	5
i:1	20	18	14	21	17
2	17	15	15	18	20
3	21	22	17	18	17

Es sei angenommen, daß die beobachteten Werte Realisationen normalverteilter Zufallsvariablen mit gleicher Streuung sind. Testen Sie auf einem Signifikanzniveau von $\alpha = 0{,}05$ die Hypothese, daß die durchschnittlichen Tagesumsätze der drei Filialen sich nicht unterscheiden!

Lösung

Die Zufallsvariablen X_{ik}, die den Umsatz der i-ten Filiale beschreiben sind $N(\mu_i; \sigma)$-verteilt. Dann lautet die Nullhypothese $H_0: \mu_1 = \mu_2 = \mu_3$. Unter H_0 ist die Testfunktion

$$V = \frac{Q_1/(r-1)}{Q_2/(n-r)}$$

F_{n-r}^{r-1}-verteilt. Es ist

$$Q_1 = \sum_i n_i (\overline{X}_i - \overline{X})^2 ,$$

$$Q_2 = \sum_i \sum_k (X_{ik} - \overline{X})^2 .$$

Mit $\overline{x}_1 = 18$, $\overline{x}_2 = 17$, $\overline{x}_3 = 19$, $\overline{x} = 18$ und $n_1 = n_2 = n_3 = 5$ ergibt sich

$q_1 = 5(18-18)^2 + 5(17-18)^2 + 5(19-18)^2 = 10$

$q_2 = (20-18)^2 + (18-18)^2 + (14-18)^2 + (21-18)^2$
$\quad + (17-18)^2 + (17-17)^2 + (15-17)^2 + (15-17)^2$
$\quad + (18-17)^2 + (20-17)^2 + (21-19)^2 + (22-19)^2$
$\quad + (17-19)^2 + (18-19)^2 + (17-19)^2 = 70$

Mit $n = n_1 + n_2 + n_3 = 15$ und $r = 3$ ergibt sich für den Testwert

$$v = \frac{10/(3-1)}{70/(15-3)} \approx 0,85 \, .$$

Der kritische Wert für $\alpha = 0,05$ ist der $0,95$-Punkt der F_{12}^2-Verteilung. Er beträgt $3,885$. Wegen $v < c_\alpha$ kann die Hypothese auf dem Signifikanzniveau von $0,05$ nicht abgelehnt werden.

ooo

Aufgabe 92

Eine Automobilfirma hat die Möglichkeit, Schrauben für die Scheibenbremsen eines bestimmten Pkw-Typs von drei Zulieferern zu beziehen. Bei Entnahme jeweils einer Stichprobe vom Umfang $n = 4$ aus den drei Probesendungen ergaben sich für die k-te Scheibe der i-ten Firma die folgenden maximalen Drehmomente x_{ik} in kp.:

x_{ik} k:	1	2	3	4
i: 1	15	14	13	14
2	14	17	15	14
3	19	13	12	20

Es sei angenommen, daß diese Messwerte Realisationen normalverteilter Zufallsvariablen mit gleicher Streuung sind. Testen Sie auf einem Signifikanzniveau von $\alpha = 0,05$ die Hypothese, daß die durchschnittlichen maximalen Drehmomente sich nicht unterscheiden!

Lösung
Die Nullhypothese H_0 ist, daß für die $N(\mu_i; \sigma)$-verteilten Zufallsvariablen gilt $\mu_1 = \mu_2 = \mu_3$. Unter H_0 ist die

Testfunktion

$$V = \frac{Q_1/(r-1)}{Q_2/(n-r)}$$

mit

$$Q_1 = \sum_i n_i (X_i - \overline{X})^2, \quad Q_2 = \sum_i \sum_k (X_{ik} - \overline{X}_i)^2$$

F_{n-r}^{r-1}-verteilt. Mit $n_i = 4$, $n = 12$, $r = 3$ und $\overline{x} = 15$, $\overline{x}_1 = 14$, $\overline{x}_2 = 15$, $\overline{x}_3 = 16$ ergibt sich $q_1 = 8$, $q_2 = 58$ und damit als Testwert

$$v = \frac{q_1/(r-1)}{q_2/(n-r)} = \frac{8/2}{58/9} \approx 0{,}62 \; .$$

Für den kritischen Wert für $\alpha = 0{,}05$, den $0{,}95$-Punkt der F_9^2-Verteilung ergibt sich aus der Tabelle $c_{0.05} \approx 4{,}25$. Wegen $v < c_\alpha$ kann also auf diesem Signifikanzniveau die Hypothese H_o nicht abgelehnt werden.

ooo

Aufgabe 93

Am Ende des SS 1974 wurden je sechs zufällig ausgewählte Studenten aus den vier Semestern des Grundstudiums nach der Höhe der in diesem Semester getätigten Ausgaben für wissenschaftliche Bücher befragt. Das Ergebnis der Befragten zeigt die folgende Tabelle:

Semesterzahl	Ausgaben für wissenschaftl. Bücher					
	k: 1	2	3	4	5	6
i: 1	0	10	0	20	20	10
2	40	30	10	20	10	70
3	20	10	20	30	20	20
4	30	30	40	30	40	10

Testen Sie auf einem Signifikanzniveau von $\alpha = 0{,}05$ die Hypothese, daß die durchschnittlichen Ausgaben für wissenschaftliche Bücher seitens der Studenten im Grundstudium in jedem Semester gleich sind! Es sei angenommen, daß die o.a. Werte Realisationen normalverteilter Zufallsvariablen mit der gleichen Varianz sind!

<u>Lösung</u>

Sei i der Index für das Semester und k der Index der Nummer des jeweils aus einem Semester ausgewählten Studenten, dann werden die Bücherausgaben durch die $N(\mu_i; \sigma)$-verteilten Zufallsvariablen X_{ik} beschrieben und die Nullhypothese ist $H_0 : \mu_1 = \mu_2 = \mu_3 = \mu_4$. Unter H_0 ist die Testfunktion

$$V = \frac{Q_1/(r-1)}{Q_2/(n-r)}$$

F_{n-r}^{r-1}-verteilt.

Aus $r = 4$, $n = 20$, $\bar{x}_1 = 10$, $\bar{x}_2 = 30$, $\bar{x}_3 = 20$, $\bar{x}_4 = 30$, $\bar{x} = 22{,}5$ errechnet sich für unsere Stichproben für die Abweichungen zwischen den Gruppen

$$q_1 = \sum_{i=1}^{r} n_i (\bar{x}_i - \bar{x})^2$$

$$= 6\left[(10-22{,}5)^2 + (30-22{,}5)^2 + (20-22{,}5)^2 + (30-22{,}5)^2\right],$$

$$= 1650$$

für die Abweichungen innerhalb der Gruppen

$$q_2 = \sum_{i=1}^{r} \sum_{k=1}^{n_i} (x_{ik} - \bar{x}_i)^2$$

$$= (0-10)^2 + (10-10)^2 + (0-10)^2 + (20-10)^2 + (20-10)^2$$
$$+ (10-10)^2 + (40-30)^2 + (30-30)^2 + (10-30)^2 + (20-30)^2$$
$$+ (10-30)^2 + (70-30)^2 + (20-20)^2 + (10-20)^2 + (20-20)^2$$
$$+ (30-20)^2 + (20-20)^2 + (20-20)^2 + (30-30)^2 + (30-30)^2$$
$$+ (40-30)^2 + (30-30)^2 + (40-30)^2 + (10-30)^2$$
$$= 3800$$

und daraus für den Testwert

$$v = \frac{q_1/(r-1)}{q_2/(n-r)} = \frac{1650/3}{3800/20} \approx 2{,}89 \ .$$

Der 0,95-Wert der F_{20}^3-Verteilung gibt für $\alpha = 0{,}05$ mit $c_{0,05} \approx 3{,}09$ den kritischen Wert an. Wegen $v < c_{0,05}$ kann die Hypothese bei $\alpha = 0{,}05$ nicht abgelehnt werden.

000

Aufgabe 94

Nachdem bei einem Motorblockband ein Bohraggregat ausgetauscht wurde, ergab sich für die anschließende Tagesproduktion von 500 Stück ein Ausschuß von 35 Stück. Es ist mit einem Signifikanzniveau von $\alpha = 0{,}01$ zu entscheiden, ob sich durch den Austausch die seitherige mittlere Ausschußquote von 0,1 verändert hat.

Lösung

Sei X die $B(1;p)$-verteilte Zufallsvariable, die das Produktionsergebnis nach Austausch des Bohraggregates mit $X = 1$ für "Ausschuß" und $X = 0$ für "Nicht-Ausschuß" beschreibt, so lautet die Hypothese $H_0 : p = 0{,}1$. Als Testfunktion wählen wir die unter H_0 asymptotisch χ_1^2-verteilte Testfunktion

$$V_n = \frac{(N_1 - np)^2}{np} + \frac{(N_2 - n(1-p))^2}{n(1-p)} \ .$$

Es ist $n_1 = 35$, $n_2 = 465$, $np = 50$, $n(1-p) = 450$. Damit ergibt sich für den Testwert

$$v_{500} = \frac{(35-50)^2}{50} + \frac{(465-450)^2}{450} = 5 \ .$$

Wegen $np = 50 > 5$ und $n(1-p) = 450 > 5$ ist die Approximation durch die χ_1^2-Verteilung zulässig. Ihr 0,99-Punkt ist gleich dem kritischen Wert $c_{0,01} \approx 6,7$. Da $v < c_{0,01}$ kann die Hypothese, daß sich die mittlere Ausschußquote nach dem Austausch des Bohraggregates nicht verändert habe, nicht abgelehnt werden.

ooo

Aufgabe 95

In der Telefonzentrale eines Unternehmens wurde an einem bestimmten Tag die folgende Anzahl von Anrufen pro Minute (x_i) registriert:

Gruppe (i)	Anruf pro Minute (x_i)	Anzahl der Minuten
1	0	70
2	1	190
3	2	130
4	3	80
5	4 und mehr	10
	Summe	480

Testen Sie auf einem Signifikanzniveau von $\alpha = 0,01$ die Hypothese, daß die Anzahl der Anrufe pro Minute als Realisation einer $B(5;0,3)$-verteilten Zufallsvariablen ist!

Lösung

Für die $B(5;0,3)$-Verteilung ergibt sich aus der Tabelle

i	x_i	p_i	np_i
1	0	0,1681	80,7
2	1	0,3601	172,8
3	2	0,3087	148,2
4	3	0,1323	63,5
5	≥ 4	0,0307	14,8

Die unter der angenommenen Hypothese asymptotisch
χ^2_{5-1}-verteilte Testfunktion

$$V_n = \sum_{i=1}^{5} \frac{(N_i - np_i)^2}{np_i}$$

nimmt den Wert

$$v_{480} = \frac{(70-80,7)^2}{80,7} + \frac{(190-172,8)^2}{172,8} + \frac{(130-148,2)^2}{148,2}$$

$$+ \frac{(80-63,5)^2}{63,5} + \frac{(10-14,8)^2}{14,8} \approx 11,22$$

an. Da für alle i $np_i > 5$ gilt, ist die Approximation durch die χ^2_4-Verteilung zulässig, deren 0,99-Punkt den kritischen Wert $c_{0,01} \approx 13,3$ angibt. Wegen $v < c_{0,01}$ kann die Hypothese nicht abgelehnt werden.

ooo

Aufgabe 96

Ein Würfel wurde hundertmal geworfen. Die dabei erzielten Ergebnisse zeigt die folgende Tabelle:

Augenzahl	Häufigkeit der Würfe
1	15
2	20
3	18
4	25
5	10
6	12

Nehmen Sie zu der Fragestellung, ob der Würfel fair war!

Lösung

Die Fragestellung präzisieren wir in der Nullhypothese
H_o : der Würfel ist fair. Unter H_o gilt die letzte Spalte der folgenden Tabelle

Augenzahl k	beobachtete Werte n_k	erwartete Werte $np_k \approx$
1	15	16,66
2	20	16,66
3	18	16,66
4	25	16,66
5	10	16,66
6	12	16,66

und die Testfunktion

$$V_n = \sum_{k=1}^{n} \frac{(N_k - np_k)^2}{np_k}$$

ist asymptotisch $\chi^2_{(n-1)}$-verteilt. Die Approximation durch die χ^2-Verteilung ist zulässig, wenn für alle k gilt $np_k \geq 5$, was in unserem Fall zutrifft. Wir wählen das Signifikanzniveau 0,01, mit dem sich als kritischer Wert wegen m = 6 der 0,99-Punkt der χ^2_5-Verteilung $c_{0,01} \approx 15,11$ ergibt. Für den Testwert errechnet sich

$$v_{100} = \frac{(15-16,6)^2}{16,6} + \frac{(20-16,6)^2}{16,6} + \frac{(18-16,6)^2}{16,6} + \frac{(25-16,6)^2}{16,6}$$
$$+ \frac{(10-16,6)^2}{16,6} + \frac{(12-16,6)^2}{16,6} \approx 9,08 ,$$

so daß wegen $v < c_{0,01}$ H_o für $\alpha = 0,01$ nicht abgelehnt werden kann.

ooo

Abschnitt 2o

AUFGABEN ÜBER KONTINGENZTABELLEN UND VORZEICHENTEST

Bei der Kontingenztabelle nimmt die Nullhypothese zwei Zufallsvariablen X und X* als unabhängig an. Bei bekannten Verteilungen lassen sich die Wahrscheinlichkeiten $W(X \in I_i) = p_{i*}$, $W(X^* \in I_k^*) = p_{*k}$ berechnen. Die $I_1,\ldots,I_r$ und $I_1^*,\ldots,I_s^*$ sind hierbei Zerlegungen von $\mathfrak{R}$, die zu positiven Wahrscheinlichkeiten führen. Unter der Nullhypothese gilt für die gemeinsamen Wahrscheinlichkeiten: $W\{(X,X^*) \in I_i \times I_k\} = p_{i*}p_{*k}$. Es sei $((X_1,X_1^*),\ldots,(X_n,X_n^*))$ eine Stichprobe vom Umfang n und N_{ik} die Anzahl ihrer Werte, die in das zweidimensionale Intervall $I_i \times I_k^*$ fallen. Dann gilt unter der Nullhypothese $\mathcal{E}(N_{ik}) = np_{i*}p_{*k}$ und die Folge von Testfunktionen

$$W_n = \sum_{i=1}^{r} \sum_{k=1}^{s} \frac{(N_{ik} - np_{i*}p_{*k})^2}{np_{i*}p_{*k}}$$

ist asymptotisch $\chi^2_{(rs-1)}$-verteilt. Ist die gemeinsame Verteilung unbekannt, so müssen die Wahrscheinlichkeiten p_{i*}, p_{*k} durch die relativen Häufigkeiten

$$\frac{n_{i*}}{n} = \hat{p}_{i*}, \quad \frac{n_{*k}}{n} = \hat{p}_{*k}$$

geschätzt werden. n_{i*} ist die Anzahl der X-Werte im Intervall I_i, n_{*k} ist die Anzahl der X*-Werte im Intervall I_k^*. In diesem Fall ist unter der Nullhypothese die Folge der Testfunktionen

$$V_n = \sum_{i=1}^{r} \sum_{k=1}^{s} \frac{(N_{ik} - n\hat{p}_{i*}\hat{p}_{*k})^2}{n\hat{p}_{i*}\hat{p}_{*k}}$$

asymptotisch $\chi^2_{(r-1)(s-1)}$-verteilt. Ist c_α der $(1-\alpha)$-Punkt dieser Verteilung, so lautet die Entscheidungsregel: Auf einem Signifikanzniveau α ist H_0 abzulehnen für $v_n \geq c_\alpha$. Es handelt sich also um einen einseitigen

approximativen χ^2-Test. Er wird für $n_{ik} > 5$ als zulässig
angesehen. Die beobachteten Häufigkeiten n_{ik} und die aufgrund der Nullhypothese erwarteten Häufigkeiten $n\hat{p}_{i*}\hat{p}_{*k}$
werden häufig in sog. Kontingenztabellen zusammengefaßt.

. . .	. . .	k	. . .
. . .	. . .	.	
i	. . .	n_{ik} $n\hat{p}_{i*}\hat{p}_{*k}$	. . .
. . .		.	

Ein Vorzeichentest ist ein verteilungsfreier Test, so
genannt, weil in ihn weder die hypothetische Verteilung
der Grundgesamtheit noch eine Schätzung ihrer Parameter eingehen. Die Nullhypothese nimmt die gleiche Verteilung
für zwei Grundgesamtheiten an. Sei $((X_1,X_1^*),\ldots,(X_n,X_n^*))$
eine Stichprobe aus den zwei Grundgesamtheiten G und G*,
$Y_i = X_i - X_i^*$ und

$$Z(Y_i) = \begin{cases} 1 \text{ für } Y_i > 0 \\ 0 \text{ für } Y_i < 0 \end{cases},$$

dann ist unter der Nullhypothese die Testfunktion

$$V = \sum_{i=1}^{n} Z(Y_i)$$

$B(n;0,5)$-verteilt. Sind $\xi_{\alpha/2}$ und $\xi_{1-\alpha/2}$ die $\alpha/2$ bzw.
$1-\alpha/2$ Punkte der $B(n;0,5)$-Verteilung, dann lautet die
Entscheidungsregel: für $v \notin (\xi_{\alpha/2}; \xi_{1-\alpha/2})$ ist H_0 auf
dem Signifikanzniveau α abzulehnen.

Bemerkung: Zunächst gilt diese Ableitung unter Ausschuß
der Fälle gleicher Stichprobenwerte $X_i = X_i^*$. Treten
solche Fälle auf, dann bleiben diese unberücksichtigt
und die Anzahl der Stichprobenwerte verringert sich

um die Anzahl der Gleichheitsfälle, was bei der Bildung der Testfunktion zu berücksichtigen ist. Ferner existieren für die Binomialverteilung als einer diskreten Verteilung nicht für jedes Signifikanzniveau α die Punkte $\xi_{\alpha/2}$ und $\xi_{1-\alpha/2}$. Man hat in diesen Fällen das nächstgrößere oder das nächstkleinere Signifikanzniveau α zu nehmen. Damit ändert sich nachträglich das zunächst vorgegebene Signifikanzniveau.

Aufgabe 97

Einen Mediziner interessiert die Frage, ob bei einer bestimmten Krankheit ein Zusammenhang mit dem Geschlecht des Erkrankten besteht. Für 1000 zufällig ausgewählte Personen ergab sich die folgende Aufschlüsselung für die absoluten Häufigkeiten n_{ik}

n_{ik}	männlich k=1	weiblich k=2	Summe n_{i*}
erkrankt i=1	100	150	250
nicht erkrankt i=2	400	350	750
Summe n_{*k}	500	500	n=1000

Versuchen Sie die Frage des Mediziners statistisch zu beantworten!

Lösung

Wir formulieren die Frage in der Nullhypothese H_o : "Geschlecht und Erkrankung sind unabhängig". Sei für eine Zufallsauswahl p_{i*} die Wahrscheinlichkeit für den Krankheitstyp i, p_{*k} die Wahrscheinlichkeit für das Geschlecht k und p_{ik} die gemeinsame Wahrscheinlichkeit für den Krankheitstyp i und für das Geschlecht k, dann gilt unter H_o $p_{ik} = p_{i*}p_{*k}$. Der Erwartungswert für N_{ik} bei einem Stichprobenumfang n ist dann $np_{i*}p_{*k}$. Da in unserem Falle die p_{i*} und die p_{*k} unbekannt sind, schätzen wir sie durch $\hat{p}_{i*} = n_{i*}/n$ und $\hat{p}_{*k} = n_{*k}/n$. Für die Erwartungswerte von N_{ik} ergeben sich die Schätzwerte $n\hat{p}_{i*}\hat{p}_{*k} = n_{i*}n_{*k}/n$, die in der folgenden Tabelle zusammengestellt sind.

k:	1	2
i: 1	125	125
2	375	375

Die Testfunktion

$$V_n = \sum_{i}^{s} \sum_{k}^{r} \frac{(N_{ik}-n\hat{p}_{i*}\hat{p}_{*k})^2}{n\hat{p}_{i*}\hat{p}_{*k}}$$

ist unter H_o asymptotisch $\chi^2_{(r-1)(s-1)}$-verteilt. Da für alle $n_{ik} > 5$ gilt, ist die Approximation zulässig. Als kritischer Wert ergibt sich in unserem Falle (r=s=2), wenn wir als Signifikanzniveau $\alpha = 0,05$ wählen, der 0,95-Punkt der χ^2_1-Verteilung c, der zwischen 3 und 4 liegt (vgl. Tabelle). Für den Testwert ergibt sich

$$v_{1000} = \frac{(100-125)^2}{125} + \frac{(150-125)^2}{125} + \frac{(400-375)^2}{375} + \frac{(350-375)^2}{375}$$

$$= 5 + 5 + \frac{25}{15} + \frac{25}{15} = \frac{200}{15} \approx 13,3 \;,$$

so daß wegen $v_{1000} > c$ die Hypothese bei $\alpha = 0,05$ abzulehnen ist.

ooo

Aufgabe 98
Bei einer medizinischen Untersuchung auf Koronarerkrankungen ergab eine Stichprobe von n = 1000 zufällig ausgewählter Personen das folgende Ergebnis:

i	täglicher Zigarettenkonsum n_{ik}	k=1 erkrankt	k=2 nicht erkrankt	n_{i*}
i=1	0	260	140	400
i=2	1 bis unter 10	20	80	100
i=3	10 bis unter 20	210	90	300
i=4	20 bis unter 30	50	50	100
i=5	30 und mehr	60	40	100
n_{*k}		600	400	n=1000

Äußern Sie sich aufgrund dieses Ergebnisses über den Zusammenhang zwischen dem täglichen Zigarettenkonsum und

Koronarerkrankungen!

<u>Lösung</u>
Als Nullhypothese H_o bietet sich an, den Zusammenhang zu leugnen. Sei für eine zufällig ausgewählte Person p_{i*} die Wahrscheinlichkeit zum Rauchertyp i zu gehören, p_{*k} die Wahrscheinlichkeit zum Krankheitsty k zu gehören und p_{ik} die gemeinsame Wahrscheinlichkeit zum Typ (i,k) zu gehören, dann ist unter H_o $p_{ik}=p_{i*}p_{*k}$. Da die p_{i*} und p_{*k} unbekannt sind, werden sie durch $\hat{p}_{i*} = n_{i*}/n$ und $\hat{p}_{*k}=n_{*k}/n$ geschätzt:

i	$\hat{p}_{i*}$	k	$\hat{p}_{*k}$
1	0,4	1	0,6
2	0,1	2	0,4
3	0,3		
4	0,1		
5	0,1		

Daraus ergeben sich für die Erwartungswerte $\mathcal{E}(N_{ik})$ die Schätzungen $n\hat{p}_{i*}\hat{p}_{*k}$ bei einem Stichprobenumfang n:

$n\hat{p}_{i*}\hat{p}_{*k}$	k_i:	1	2
i: 1		240	160
2		60	40
3		180	120
4		60	40
5		60	40

Die Testfunktion
$$V_{1000} = \sum_i^r \sum_k^s \frac{(N_{ik}-n\hat{p}_{i*}\hat{p}_{*k})^2}{n\hat{p}_{i*}\hat{p}_{*k}}$$

ist unter H_o $\chi^2_{(r-1)(s-1)}$-verteilt. Da alle $n_{ik} > 5$ sind, ist die Approximation zulässig, d.h. der kritische Wert c für das Signifikanzniveau α ist der $(1-\alpha)$-Punkt der -Verteilung. Wählt man $\alpha = 0,01$, so ergibt sich für

$c \approx 13{,}3$. Als Testwert berechnet man

$$v_{1000} = \frac{(260-240)^2}{240} + \frac{(20-60)^2}{60} + \frac{(210-180)^2}{180} + \frac{(50-60)^2}{60}$$

$$+ \frac{(60-60)^2}{60} + \frac{(140-160)^2}{160} + \frac{(80-40)^2}{40} + \frac{(90-120)^2}{120}$$

$$+ \frac{(50-40)^2}{40} + \frac{(40-40)^2}{40} \approx 87{,}4 \; ,$$

so daß wegen $v_{1000} > c$ die Hypothese bei $\alpha = 0{,}01$ abzulehnen ist.

ooo

Aufgabe 99

In einem Betrieb werden auf zwei automatischen Anlagen Ein-Pfund-Pakete mit Zucker abgefüllt. Zwei Stichproben vom Umfang jeweils n = 10 ergaben die folgenden Werte für die Füllgewichte in g:

i	1	2	3	4	5	6	7	8	9	10
Füllgew. x_i	495	510	493	502	501	502	507	499	496	495
Füllgew. y_i	501	495	498	504	505	492	498	505	503	499
Vorzeichen $x_i - y_i$	−	+	−	−	−	+	+	−	−	−

Es wird behauptet, daß beide Anlagen gleich gut arbeiten. Prüfen Sie diese Aussage, ohne über weitere Informationen über die Verteilungen der Füllgewichte zu verfügen, auf einem Signifikanzniveau von höchstens 0,01.

Lösung

Das statistische Pendant zu obiger Behauptung ist die Nullhypothese H_o, daß die Zufallsvariablen X und Y, welche die

Verteilung der Füllgewichte aus den beiden Anlagen beschreiben, die gleiche Verteilung haben. Da keine weiteren Informationen über die Verteilung von X und Y vorliegen, bietet sich der Vorzeichentest an. Sei

$$Z_i = \begin{cases} 1 & \text{für } X_i > Y_i \\ 0 & \text{für } X_i < Y_i \end{cases},$$

dann ist unter H_0

$$V = \sum_{i=1}^{n} Z_i$$

$B(n;0,5)$-verteilt. In unserem Falle ist $n = 10$. Für die $B(10;0,5)$-Verteilung gilt

$$W\{V \notin (1; 9)\} \approx 0,0214,$$
$$W\{V \notin (0;10)\} \approx 0,0020.$$

Für einen zweiseitigen symmetrischen Test kommen also die beiden Signifikanzniveaus 0,0214 und 0,0020 dem geforderten $\alpha = 0,01$ am nächsten. Wir wählen entsprechend der Forderung $\alpha < 0,01$ das Niveau 0,0020. Für den Testwert ergibt sich
$v = 0+1+0+0+0+1+1+0+0+0 = 3$.
Wegen $3 \in (0;10)$ kann die Hypothese also auf dem Signifikanzniveau $\alpha = 0,0020$ nicht abgelehnt werden.

ooo

Aufgabe 1oo
Auf zwei Anlagen werden Schrauben mit gewalztem Gewinde hergestellt. Zur Kontrolle werden bei den Produktionen je eine Zufallsstichprobe vom Umfang 15 entnommen. Für die Flankendurchmesser ergeben sich für den einen Prozeß die Ergebnisse x_i, für den anderen Prozeß die Ergebnisse y_i (in mm):

i	x_i	y_i	$x_i - y_i$
1	21	18	> 0
2	20	19	> 0
3	19	18	> 0
4	22	23	< 0
5	21	21	0
6	23	18	> 0
7	22	17	> 0
8	21	19	> 0
9	20	18	> 0
10	20	20	0
11	19	18	> 0
12	20	17	> 0
13	19	19	0
14	22	21	> 0
15	21	20	> 0

Zahl der Übereinstimmungen 3
Zahl der positiven Vorzeichen 11

Testen Sie auf einem Signifikanzniveau α von höchstens 0,1 die Hypothese, daß beide Prozesse gleichwertig sind! Diskutieren Sie das Verfahren!

<u>Lösung</u>

Da keine weiteren Informationen über die Zufallsvariablen X_i und Y_i vorliegen, welche die Verteilung der Flankendurchmesser bei beiden Anlagen beschreiben, empfiehlt sich der verteilungsfreie Vorzeichentest. Die Testvariable V, die die Anzahl der positiven Differenzen $X_i - Y_i$ für die beiden Stichproben beschreibt, ist unter der Hypothese, daß X_i und Y_i die gleiche Verteilung haben (darin drückt sich statistisch die Gleichwertigkeit der Anlagen aus), $B(n; 0,5)$-verteilt. Zur Stichprobe werden nur diejenigen i gezählt, für die die Differenz $x_i - y_i$ von Null verschieden ist. Angewandt auf die obigen Stichprobenergebnisse ergibt sich der effektive Stichprobenumfang von 15-3=12. Ist die Hypothese richtig, so ist die Testfunktion

$$V = \Sigma Z_i \quad \text{mit} \quad Z_i = \begin{cases} 1 & \text{für } X_i > Y_i \\ 0 & \text{für } X_i < Y_i \end{cases}$$

B(12;0,5)-verteilt. Es gilt W{V ∉ (2;1o)} = o,o386.
Wegen der **Forderung** α ≤ o,1 ergibt sich das effektive
Signifikanzniveau α = o,o386. Wegen z = 11 ∉ (2;1o)
ist die Hypothese auf diesem Signifikanzniveau abzulehnen. Dieses Verfahren kann in Grenzfällen zu unbefriedigenden Ergebnissen führen. Angenommen, man hätte
bei einem Stichprobenumfang von n = 1ooo in 99o Fällen
$x_i - y_i$ = o und die restlichen 1o Abweichungen hätten
alle das gleiche Vorzeichen, so hätte man die Gleichverteilungshypothese, obgleich deren Akzeptabilität auf der
Hand liegt, für jedes Signifikanzniveau abzulehnen.

ooo

Abschnitt 21

AUFGABEN ÜBER STICHPROBEN OHNE ZURÜCKLEGEN, GESCHICH-
TETE STICHPROBEN, KLUMPENSTICHPROBEN UND HOCHRECHNUNG

Ohne Einschränkung der Allgemeinheit kann man sich die Entnahme einer Stichprobe ohne Zurücklegen so vorstellen, daß zunächst ein erstes Element entnommen wird, dann ein zweites usf. bis die Stichprobe vollständig ist. Da sich aber endliche Grundgesamtheiten (nur solche sollen hier betrachtet werden) durch Entnahme von Elementen verändern, wird das Ergebnis der Ziehung eines Stichprobenelementes von den vorausgegangenen Ziehungen beeinflußt, d.h. die Stichprobenvariablen sind bei dieser Art der Stichprobe nicht mehr unabhängig oder diese Art der Stichprobe ist keine Zufallsstichprobe im Sinne der Definition von Abschnitt 13. Die Grundgesamtheit G bestehe aus N Elementen. Das arithmetische Mittel der Merkmalsausprägungen in G sei

$$m = \frac{1}{N} \sum_{i=1}^{N} x_i$$

die mittlere quadratische Abweichung der Merkmalsausprägungen sei

$$s^2 = \frac{1}{N} \sum_{i=1}^{N} (x_i - m)^2$$

und $(X_1, \ldots, X_n)$ seien die Variablen einer Stichprobe ohne Zurücklegen vom Umfang n. Sei

$$\overline{X}_n = \frac{1}{n} \sum_{k=1}^{n} X_k$$

das Stichprobenmittel und

$$S^2 = \frac{1}{n-1} \sum_{k=1}^{n} (X_k - \overline{X}_n)^2$$

die korrigierte Stichprobenvarianz (für $B(1;p)$ verteilte Grundgesamtheiten hat sie die Form $\overline{X}_n(1-\overline{X}_n)n/(n-1)$), dann ist $\overline{X}_n$ eine erwartungstreue Schätzfunktion für m mit

$$\mathrm{var}(\overline{X}_n) = \frac{s^2}{n} \cdot \frac{N-n}{N-1}$$

und $(N-1)/N \cdot s^2$ eine erwartungstreue Schätzfunktion für s^2.

Bemerkung: Der Korrekturfaktor $(N-n)/(N-1)$ drückt den Effekt des Nicht-Zurücklegens aus. Im Falle einer Stichprobe mit Zurücklegen hat man die klassische Formel s^2/n, die sich auch für den Fall von Stichproben aus unendlich großen Grundgesamtheiten ($\lim N \to \infty$) einstellt.

Bei geschichteten Stichproben wird die Grundgesamtheit G vom Umfang N in r Teilmengen, die sog. Schichten, zerlegt. G_i sei die i-te Schicht ($i = 1,\ldots,r$) mit dem Umfang N_i. Eine geschichtete Stichprobe vom Umfang n besteht aus r Teilstichproben von den Umfängen $n_1,\ldots,n_r$, die diesen Schichten entnommen sind. Die Teilstichproben können solche mit oder ohne Zurücklegen sein. Es ist $N = N_1+\ldots+N_r$ und $n = n_1+\ldots+n_r$. Angenommen, die Einteilung der Grundgesamtheit in Schichten, die ein bedeutendes praktisches Problem darstellt, liege bereits fest. Dann geht es darum, eine möglichst günstige Aufteilung des Stichprobenumfanges auf die einzelnen Schichten zu bestimmen. Für das arithmetische Mittel der Grundgesamtheit m ist das gewogene Mittel der Stichprobenmittel $\overline{X}_i$ der einzelnen Schichten

$$\overline{X} = \frac{1}{N} \sum_i N_i \overline{X}_i$$

eine unverzerrte Schätzfunktion. Für dieses Schätzproblem wäre eine optimale Aufteilung eine solche, bei der die Varianz von $\overline{X}$ ihren kleinsten Wert annimmt. Näherungsweise ergibt sich für diese optimale Aufteilung

$$n_i' = \frac{n N_i s_i}{\sum_k N_k s_k} \quad ,$$

wobei die s_i die Standardabweichungen innerhalb der Schichten bezeichnen. Sind diese alle gleich, so ergibt sich als optimale Aufteilung die proportionale Auftei-

lung mit
$$n_1 : n_2 : \ldots : n_r = N_1 : N_2 : \ldots : N_r.$$

<u>Bemerkung:</u> Sinn der Anwendung von geschichteten Stichproben ist die Erzielung einer kleineren Varianz gegenüber der ungeschichteten Stichprobe. Es werden sämtliche Schichten berücksichtigt und diese werden stichprobenhaft präsentiert. Es erscheint plausibel, daß der Schichtungseffekt besonders ausgeprägt sein wird, wenn sich Schichten mit sehr geringer Schichtenstreuung bilden lassen.

<u>Beispiel:</u> Im Rahmen einer landwirtschaftlichen Betriebszählung soll eine Stichprobenerhebung durchgeführt werden. In diesem Fall empfiehlt sich ggf. ein geschichtetes Stichprobenverfahren, bei dem die Schichten durch verschiedene Größenklassen der landwirtschaftlichen Nutzfläche charakterisiert werden.

Bei einer Klumpenstichprobe wird die Grundgesamtheit in Teilmengen, die sog. Klumpen, zerlegt. Aus diesen wird eine Anzahl von Klumpen zufällig und ohne Zurücklegen ausgewählt. Die ausgewählten Klumpen werden dann vollständig ausgezählt. $G_1, \ldots, G_r$ sei die Gesamtheit aller Klumpen und $\{G_{i_1}, \ldots, G_{i_k}\}$ die Klumpenstichprobe vom Umfang k, mit den arithmetischen Mitteln $\bar{X}_{i_1}, \ldots, \bar{X}_{i_k}$. Bedeuten die n_{i_s} (s=1,...,k) die Umfänge der Klumpen der Stichprobe, so ist die Stichprobenfunktion

$$\bar{X} = \frac{1}{N} \cdot \frac{r}{k} \sum_{s=1}^{k} n_{i_s} \bar{X}_{i_s}$$

eine erwartungstreue Schätzfunktion für m.

Bemerkung: Bei der Klumpenstichprobe wird nur eine Auswahl der Klumpen erfaßt, diese aber vollständig. Die Varianz von $\overline{X}$ ist größer als bei der klassischen Stichprobe. Sie ist umso kleiner, je inhomogener die einzelnen Klumpen und je geringer die Unterschiede zwischen den einzelnen Klumpen sind.

Beispiel: Ziel einer Stichprobe sei die Gewinnung von Informationen über die Untermieter in einer Stadt. Es liegt dann nahe, die Gesamtfläche der Stadt in Planquadrate aufzuteilen und aus deren Gesamtheit einige zufällig auszuwählen. In diesen ausgewählten Planquadraten befragt man dann alle Untermieter.

Bei der Hochrechnung soll aufgrund einer Stichprobe $X_1,\ldots,X_n$ die Summe aller Merkmalsausprägungen in der Grundgesamtheit G, der sog. Totalwert S geschätzt werden. Hat G den Umfang N und sei m das arithmetische Mittel in G, dann ist $\mathsf{S} = m \cdot N$ und es bietet sich $N\overline{X}_n$ als erwartungstreue Schätzfunktion an. Solche Schätzungen, bei denen (außer der Zahl N) nur Stichprobeninformationen eingehen, heißen freie Hochrechnungen.

Beispiel: Es interessiere die Gesamtbeschäftigtenzahl in 253 Kleinbetrieben einer Stadt. Aus den Ergebnissen einer Stichprobe von 15 Kleinbetrieben weiß man, daß diese am 1.4.1970 durchschnittlich 4 Beschäftigte hatten. Die freie Hochrechnung ergibt als Schätzung der Gesamtbeschäftigtenzahl $253 \cdot 4 = 1012$ für diesen Zeitpunkt.

Aufgabe 1o1

Aus der 2oo Einheiten umfassenden Tagesproduktion eines Betriebes werden 2o Einheiten via Stichprobe ohne Zurücklegen ausgewählt und einer Qualitätskontrolle unterzogen, die drei Ausschußeinheiten ergab.

a) Es ist der Ausschußanteil an dieser Tagesproduktion zu schätzen.

b) Es ist die Varianz der Schätzfunktion aus a) zu schätzen.

Lösung

Wird den Ausschußeinheiten die Zahl Eins, den anderen Einheiten die Zahl Null zugeordnet, so wird die Verteilung dieser Bewertungszahlen an einer zufällig ausgewählten Einheit der Tagesproduktion durch eine B(1;p)-verteilte Zufallsvariable X beschrieben. Ihr Erwartungswert $\mathcal{E}(X) = p$ ist gleich der Ausschußquote in der Tagesproduktion.

a) Da auch im Falle einer Stichprobe ohne Zurücklegen aus einer endlichen Grundgesamtheit das Stichprobenmittel $\overline{X} = \hat{P}$ eine erwartungstreue Schätzfunktion für den Erwartungswert ist, ergibt sich als unverzerrter Schätzwert für p: $\overline{x} = \hat{p} = 3/2o = 0,15$.

b) Für Stichproben ohne Zurücklegen gilt

$$\text{var } \overline{X} = \frac{s^2}{n} \frac{N-n}{N-1} .$$

Eine unverzerrte Schätzfunktion für s^2 ist

$$S^2(N-1)/N .$$

Speziell für eine B(1;p)-verteilte Grundgesamtheit ist

$$S^2 = \hat{P}(1-\hat{P})n/(n-1),$$

so daß sich als unverzerrter Schätzwert schließlich ergibt

$$\hat{s}^2_{\overline{X}} = \hat{p}(1-\hat{p})(N-n)/N(n-1)$$

$$= \frac{3/2o(1-3/2o)(2oo-2o)}{2oo(2o-1)}$$

$$\approx 0,006 .$$

ooo

Aufgabe 1o2

In einem Land hat man drei Rinderrassen A, B, C. Die entsprechenden Anzahlen der Milchkühe seien N_A=6o.ooo, N_B=3o.ooo, N_C=1o.ooo. Aus einer Stichprobe vom Umfang n = 1oo soll der durchschnittliche Milchertrag pro Kuh geschätzt werden. Gesucht ist die Aufteilung der Stichprobe auf die durch A, B und C definierten Schichten für den Fall,

a) daß keine weiteren Informationen vorliegen,
b) daß aus einer früheren Erhebung bekannt sei, daß sich damals die korrigierten mittleren quadratischen Abweichungen in den Stichproben aus den einzelnen Schichten s_A^2, s_B^2, s_C^2 wie 1:4:9 verhalten haben.

Lösung

a) Liegen keine weiteren Informationen vor, so wird man eine proportionale Aufteilung vornehmen, also den Stichprobenumfang $n = n_A + n_B + n_C$ wie folgt aufteilen: n_A = 6o, n_B = 3o, n_C = 1o. Unbefriedigend in diesem Falle ist allerdings der geringe Umfang der Stichprobe aus der dritten Schicht.

b) Aufgrund der gegebenen Information liegt es nahe, eine optimale Aufteilung dadurch anzunähern, daß man die angegebene Proportion als Schätzung für die aktuelle Proportion der mittleren quadratischen Abweichungen in den Schichten akzeptiert. Mit dem so angenommenen Verhältnis für die aktuellen Standardabweichungen (1:2:3) ergibt sich nach der Formel

$$n_i' = \frac{n \, N_i s_i}{\sum\limits_{k} N_k s_k} = \frac{n \, N_i}{\sum\limits_{k} N_k s_k / s_i},$$

$$n_A = \frac{100 \cdot 60.000}{60.000 \cdot 1/1 + 30.000 \cdot 2/1 + 10.000 \cdot 3/1} = \frac{600}{15} = 40,$$

$$n_B = \frac{100 \cdot 30.000}{60.000 \cdot 1/2 + 30.000 \cdot 2/2 + 10.000 \cdot 3/2} = \frac{600}{15} = 40,$$

$$n_C = \frac{100 \cdot 10.000}{60.000 \cdot 1/3 + 30.000 \cdot 2/3 + 10.000 \cdot 3/3} = \frac{300}{15} = 20.$$

Aufgabe 103

Eine Grundgesamtheit bestehe aus den Elementen g_i, $i = 1,\ldots,9$. Die korrespondierenden Merkmalsausprägungen seien

i	1	2	3	4	5	6	7	8	9
x_i	1	2	3	2	4	3	3	2	1

Es werden die folgenden Klumpen gebildet: $G_1 = \{g_1, g_2, g_3, g_4\}$, $G_2 = \{g_5, g_6, g_7\}$, $G_3 = \{g_8, g_9\}$. Es ist am Beispiel einer Klumpenstichprobe vom Umfang 2 zu demonstrieren, daß das Klumpenstichprobenmittel eine erwartungstreue Schätzfunktion für das arithmetische Mittel in der Grundgesamtheit ist.

Lösung

Möglich sind die folgenden Klumpenstichproben

$$(G_1, G_2), (G_1, G_3), (G_2, G_3),$$
$$(G_2, G_1), (G_3, G_1), (G_3, G_2),$$

denen allen die gleiche Wahrscheinlichkeit

$$\frac{1}{2! \binom{3}{2}} = \frac{1}{6}$$

zukommt. Die Klumpenmittel sind $\bar{x}_1 = (1+2+3+2)/4 = 12/6$, $\bar{x}_2 = (4+3+3)/3 = 20/6$, $\bar{x}_3 = (2+1)/2 = 9/6$. Nach der Formel für die Klumpenstichprobenmittel

$$\bar{X} = \frac{1}{N} \cdot \frac{r}{k} \sum n_{i_s} \bar{X}_{i_s}$$

ergibt sich mit $N = 9$, $k = 2$ und $r = 3$

$$\bar{x}_{12} = \bar{x}_{21} = \frac{1}{9} \cdot \frac{3}{2} \left(4 \cdot \frac{12}{6} + 3 \cdot \frac{20}{6}\right) = 18/6,$$

$$\bar{x}_{13} = \bar{x}_{31} = \frac{1}{9} \cdot \frac{3}{2} \left(4 \cdot \frac{12}{6} + 2 \cdot \frac{9}{6}\right) = 11/6,$$

$$\bar{x}_{23} = \bar{x}_{32} = \frac{1}{9} \cdot \frac{3}{2} \left(3 \cdot \frac{20}{6} + 2 \cdot \frac{9}{6}\right) = 13/6.$$

Daraus folgt für den Erwartungswert

$e(\bar{X}) = \bar{x}_{12} \cdot 1/6 + \bar{x}_{13} \cdot 1/6 + \bar{x}_{23} \cdot 1/6 + \bar{x}_{21} \cdot 1/6 + \bar{x}_{31} \cdot 1/6 + \bar{x}_{32} \cdot 1/6$

$= (18+11+13+18+11+13)/36 = 7/3$.

Das arithmetische Mittel der Grundgesamtheit hat den gleichen Wert

$$m = \frac{1}{9}(1+2+3+2+4+3+3+2+1) = 7/3.$$

ooo

Aufgabe 1o4
Ein Verkehrsunternehmen erwägt den Verzicht auf Fahrkartenkontrollen. Probeweise werden die Kontrollen zunächst eingestellt. Bei einer Stichprobe (Umfang n = 1oo) werden zehn Schwarzfahrer entdeckt. Ein Schwarzfahrer fügt der Gesellschaft einen Schaden von DM 2,-- zu. Täglich gibt es 1ooo Passagiere und die täglichen Kosten für Kontrollen belaufen sich auf DM 4oo,--. Gefragt ist nach einer statistischen Entscheidungshilfe.

Lösung
Durch Hochrechnung sollen die mußmaßlichen Verluste bestimmt werden. Durch die $B(1;p)$-verteilte Zufallsvariable X wird die Schwarzfahrereigenschaft einer zufällig ausgewählten Person beschrieben (X=1: ja, X=o: nein). p ist die unbekannte Quote der täglichen Schwarzfahrer und 1ooo·p deren Anzahl. Es ist $\mathcal{E}(X)=p$. Als Entscheidungshilfe empfiehlt sich eine Konfidenzschätzung für die täglichen Verluste durch Schwarzfahrer, die durch Hochrechnung aus einer solchen Schätzung für p gewonnen wird. Da $\overline{X}$ asymptotisch normalverteilt ist, ergeben sich für $\mathcal{E}(\overline{X})$ die asymptotischen Vertrauensgrenzen

$$\overline{X} \mp c_\alpha \sqrt{\frac{p(1-p)}{n}}$$

mit dem $(\frac{1+\alpha}{2})$-Punkt der $N(o;1)$-Verteilung c_α bei einer Vertrauenswahrscheinlichkeit α. Für das unbekannte p entnehmen wir der Stichprobe den Schätzwert $\hat{p} = 1o/1oo = o,1$.

Für diesen Schätzwert sind auch die Approximationsbedingungen $n\hat{p} = 10 > 5$, $n(1-\hat{p}) = 90 > 5$ erfüllt. Bei einer Vertrauenswahrscheinlichkeit von 0,95 ergeben sich mit $c_\alpha = 1,96$ die Grenzen

$$0,1 - 1,96 \cdot \sqrt{\frac{0,1 \cdot 0,9}{100}} = 0,0412,$$
$$0,1 + 1,96 \cdot \sqrt{\frac{0,1 \cdot 0,9}{100}} = 0,1588.$$

Durch Hochrechnung ergibt sich

$$1000 \cdot 2 \cdot 0,0412 = 82,40 \text{ DM},$$
$$1000 \cdot 2 \cdot 0,1588 = 317,60 \text{ DM}.$$

Mit der Einschränkung, daß es sich nur um geschätzte Grenzen (wegen $\hat{p}$) handelt und unter der Annahme einer konstanten Schwarzfahrerquote kann der Gesellschaft mit der Vertrauenswahrscheinlichkeit von 0,95 zum Einstellen der Kontrollen geraten werden.

ooo

REGISTER

Abgangszeitpunkt 11
Abweichung, durchschnittliche 27f.
-, mittlere quadratische 27f., 31
Ausprägung 11
Basiszeit 49
Bayes, Formel von 66, 68f.
Beobachtungswert 11
Berichtszeit 49
Bestand 12, 14
Binomialverteilung 72, 76ff.
   -Test 155, 161ff.
   -Verteilung 83
Daten, gruppierte 19, 22, 27, 31, 33
Dichtefunktion 72, 79f., 96
-, gemeinsame 73
Durchschnitt, gleitender 42, 47
Durchschnittsbestand 13 ff.
Elementarereignis 59
Entscheidungsregel 135
Ereignis 65
-, disjunkte -se 65
-, en bloc unabhängige -se 65, 67
-, paarweise unabhängige -se 65, 67
-, unabhängige -se 65
Ereignisring 59, 63
Erwartungstreue 114
Erwartungswert 88, 91ff., 96
Faktorumkehrprobe 49, 51
F-Verteilung 83
Grenzwertsatz, zentraler 1oo, 1o3, 145
Häufigkeit, absolute 18, 21
-, kumulierte absolute 18
-, kumulierte relative 19
-, prozentuale 18, 21
-, relative 18, 21

Häufigkeitspolygon 19,22
Häufigkeitsverteilung 18
Histogramm 19, 22, 28, 31
Hochrechnung 178, 182
Idealindex vgl. Index von Fisher
Index 49
-, von Laspeyres 49, 51
-, von Lowe 49, 51
-, von Paasche 49,51
-, von Fisher 49,51
Klasse 19, 22
Klassenbreite 19
Klassengrenze 19
Klassenintervall 19
Klassenmitte 19, 27
Kleinst-Quadrat-Schätzung 121
Klumpenstichprobe 177, 181
Komponente, glatte 41, 47
-, irreguläre 41
-, saisonale 41
-, zyklische 41
Konfidenzintervall 125, 127f., 13o, 132
Konfidenzniveau 125
Kontingenztabelle 165, 168f.
Korrelationskoeffizient 34, 88f., 97, 12o
-, von Bravais-Pearson 34, 36f., 4o
-, von Fechner 34, 4o
-, von Spearman 35, 37
Kovarianz 88
Lageregel 27, 28
Lorenzkurve 2o, 23f.
Masse, statistische 11
Median 26,28
Mengenindex 49
Merkmalsträger 11
Methode der kleinsten Quadrate 35, 41, 43, 45

Methode der Reihenhälften 41, 43
Mittel, arithmetisches 26, 28, 30f.
-, geometrisches 26, 28
-, harmonisches 26, 28, 31
Mittelwert 26, 30
Modus 26, 28
Normalverteilung 72, 86, 111, 113
-, standardisierte 72
Nullhypothese 135
Poissonverteilung 72
Preisindex 49, 54
Punktschätzung 114
Randverteilung 73, 84
Rangkorrelation vgl. Korrelationskoeffizient von Spearman
Regression, einfache lineare 35
Regressionskoeffizient 35f.
Regressionsmodell, einfaches lineares 121ff.
Reihenglättung vgl. gleitender Durchschnitt
Rundprobe 49
Schätzfunktion 114, 116f., 119
Signifikanzniveau 135
Signifikanztest 135
Spannweite 27f. Stabdiagramm 18
Standardabweichung 27f.
Stichprobe 107
-, geschichtete 176, 180
-, mit Zurücklegen 107
-, ohne Zurücklegen 107, 175, 179
Stichprobenfunktion 107
Stichprobenmittel 107
Stichprobenumfang 107
Stichprobenvariable 107
Stichprobenvarianz 107
-, korrigierte 108
Stichprobenverteilung 107, 110, 117
Streuungsmaß 27

Testfunktion 135
-, asymptotisch normalverteilte -en 143, 145ff.
Testwert 135
Trend 41, 43, 45
t-Test 135, 137ff., 141
t-Verteilung 83
Ungleichung von Tschebyscheff 100ff.
Umbasierung 49, 51
Umsatzmeßzahl 49, 54
Varianz 88, 92ff., 96
Varianzanalyse, einfache 155, 157ff.
Variationskoeffizient 27f.
Verkettung 49, 51
Verknüpfung 50, 55
Verteilung
-, Approximation von -en 83, 87
-, der Grundgesamtheit 107
Verteilungsfunktion 71, 74ff., 79f., 91, 96
-, gemeinsame 73
Vertrauensgrenzen 129f., 133
Vertrauenswahrscheinlichkeit 125
Verweildauer 12
-, durchschnittliche für den Zugang 13ff.
Verweillinie 12, 14, 16
Vorzeichentest 166, 171f.
Wahrscheinlichkeit, a priori 66
-, a posteriori 66
-, axiomatische 59
-, bedingte 66
-, klassische 59
Wahrscheinlichkeitsfeld 59, 63
Wahrscheinlichkeitsfunktion 59, 64, 72, 75, 81
-, gemeinsame 73, 93
Wirksamkeit 114, 118
Zeitreihenpolygon 45
Zufallsauswahl 109

Zufallsstichprobe 107
Zufallsvariable 71
-, diskrete 71, 79
-, kontinuierliche 72
-, en bloc unabhängige -, 82
-, Funktionen von -n 82, 85, 92
-, paarweise unabhängige 82
-, unabhängige 82, 84, 98
-, unkorrelierte 88, 98
Zufallszahlen 108f.
Zugang 12
Zugangszeitpunkt 11

Studienprogramm Statistik/Mathematik für Betriebs- und Volkswirte

Statistik

Statistische Methodenlehre für Wirtschaftswissenschaftler,
6. Auflage,
von Prof. Dr. Helmut Reichardt

Übungsprogramm zur Statischen Methodenlehre,
2. Auflage,
von Dr. Agnes Reichardt

Wirtschaftsstatistik
von Dr. Heiner Abels

Mathematik

Mathematik für Wirtschaftswissenschaftler,
2., verb. und erw. Auflage,
von Dr. Siegmar Stöppler

Lehrbuch der Mathematik für Wirtschaftswissenschaften,
3. Auflage,
hrsg. von Prof. Dr. Heinz Körth, Prof. Dr. Carl Otto, Prof. Dr. Walter Runge, Prof. Dr. Manfred Schoch

Matrizenrechnung in der Betriebswirtschaft
von Dr. Friedrich Vogel

Westdeutscher Verlag